データのつながりを活かす技術

ネットワーク/グラフデータの機械学習から得られる新視点

著者：黒木裕鷹＋保坂大樹

New Perspectives from
Network and Graph Machine Learning

技術評論社

はじめに

ネットワークデータは身近に溢れている

ネットワークデータ（もしくはグラフデータ）は、「点」とその「つながり」によって表されるデータです。ネットワークデータは決して特別なデータではなく、実は身の回りの至るところに存在しています。真っ先に思い浮かぶのは、SNS（Social Networking Service）におけるユーザ同士のフォロー関係や、インターネットにおけるウェブページのリンク構造など、はじめから「ネットワーク」の名を冠するものではないでしょうか。実はこれに限らず、一見関係がなさそうなECサイトの購買ログデータやビジネス書類のデータなどにも、ネットワーク構造を見出すことができます。

このようなデータにおいてもネットワークにおける「つながり」を積極的に見出すことで、行と列からなる表形式データの分析だけでは得られない、新たな視点を加えられるようになります。ECサイトの例では、「一緒に購入されている商品」のように、これから購入する商品とは別の商品をおすすめされることがあります。これは、閲覧中の商品とすでに「つながり（購入）」をもつ他のユーザが、別につながっている他の商品をたどっていることになります。つまり、購入というつながりに基づくネットワークにおいて、近くにある商品を探索し、おすすめしているのです。より工夫された分析の例としては、レシートや財務諸表など、レイアウトをもつ文書からの情報抽出が挙げられます。これらの文書では、セルが複雑に結合されたスプレッドシート上にデータが記入されていることが多く、個々のテキストセグメントの内容を分析するだけでは「どの商品とどの金額が対応しているか」「合計金額を表している数値はどれか」などを判別するのは容易ではありません。人間にとっては視覚的な推測が容易な一方で、機械による処理は複雑で手間がかかります。ところが、値同士の位置関係をネットワークの形式に変換することで、情報抽出の精度をより高めることができます。

近年では、ノード埋め込み（node embedding）やグラフニューラルネットワーク（Graph Neural Network；GNN）といった、ネットワークデータを扱うことに特化した機械学習の技術が次々に開発され、さらに計算機の発達によって、より大きなネットワークを扱うことが可能になっています。こういった背景からも、ネットワークデータの分析は研究だけでなくビジネスの現場でもより身近な存在になり、その活用はますます盛んになっています。

本書のねらいと試み

ネットワークデータ分析は、馴染みのない方にとってはやや高度な手法に感じられるかもしれません。大規模なデータや強力なコンピュータリソース、専門家による研究開発などが必要になるというイメージを抱く方もいるでしょう。しかし、ネットワーク分析に取り組むための思考手順が体系的に整理されていれば、目的に合ったネットワークデータを取得し、適切な分析手法を実装することで、十分に新たな視点や価値を得ることができます。

そのため本書では、ネットワークの分析・機械学習の技術の解説にとどまらず「実践で役立てる」ことに重きを置き、技術の導入方法と応用例の紹介を行います。その過程では、置かれる環境や直面する目的に沿って読者が適切な手法を選び取れるように、「役立てる」までの道筋を、できるだけ体系立てて整理する解説を試みます。また、そのために必要不可欠であるネットワークデータの見つけ方、集め方についてもいくつかのパターンで整理します。筆者の知る限りでは、このような内容に取り組んだ書籍はまだ多くありません。この本を通して、ネットワークデータ分析が読者にとってより身近な選択肢となり、データ分析で価値を出すための新たな手段になることを目標にしています。

本書の構成

本書は七つの章で構成しています。よりおおまかには、第 1 章、第 2 章、第 3 章では「データの扱いと理解」について、第 4 章、第 5 章、第 6 章では分析と課題解決を達成する「技術」について、第 7 章ではさまざまな取り組みを紹介する「事例」をそれぞれ紹介しています。また、第 1 章から第 6 章で紹介する概念や技術の組み合わせによって、第 7 章の事例が実現されていることを関連付けるような構成となっています。七つの章のうち、ネットワークデータのハンドリングや分析技術を紹介する第 2 章、第 3 章、第 5 章、第 6 章については、Python

による分析コードの例もあわせて記載しました。今後の学習や実践の参考とすることができるでしょう。

それでは、各章の内容をより具体的に見ていきます。第 1 章から第 3 章では、これから分析していく「ネットワークデータ」の理解とそのハンドリングについて解説します。ネットワークデータの特徴を知り、収集から実装までと、得られたデータの性質を把握する、という一連の流れを理解していただきます。ご自身の現場で実践できるようになることを目標としています。

第 1 章「ネットワークデータの基礎」では、ネットワークデータの性質と定義を具体例を交えながら説明します。また、「ネットワーク」と一口にいっても、その構成要素であるノード（頂点）やエッジ（頂点を結ぶ線）にはさまざまな性質があります。エッジに向きがあるかないか、ノードやエッジには特徴があるか、それとも均一で同質なものなのか、といった異なる種類のネットワークとその例を紹介します。さらに、あとの章への準備として、数式を用いた表現についてもここで導入します。

第 2 章「ネットワークデータの発見・観測・構築」では、ネットワークデータを Python でどのように扱うかに加え、身近な現象からネットワークを発見する方法や、すでに蓄積されているデータをネットワークとして捉え直す方法、一からデータを集める方法などを紹介します。それぞれシンプルでよく用いられるアプローチから工夫されたものまで、いくつかのパターンを紹介します。既存の書籍や資料ではあまり扱われなかったトピックについて体系化を試み、各々の現場で実践できる内容になるように努めました。

第 3 章「ネットワークの性質を知る」では、分析対象のネットワークやノード、エッジがもつ特徴をシンプルに表現する指標について扱います。ここで紹介する手法は、どちらかといえば伝統的な分析手法に分類され、たとえば、中心的な役割を担うノードを抽出することや、ネットワークの接続の偏りを把握することなど、第 2 章で手に入れたデータの性質を知ることに役立ちます。

第 4 章から第 6 章では、第 1 章から第 3 章で取り扱ったデータを分析する機械学習技術を紹介し、これによって解くことができるタスクを整理します。技術の解説にとどまらず、その技術で達成できることを理解し、適切な手法を選び取れるようにすることを目標とします。

第 4 章「ネットワークの機械学習タスク」では、第 5 章および第 6 章で解説する具体的な手法を使って解決できる課題を、機械学習のフレームに照らし合わせて説明します。ひとえにネットワーク分析やネットワークの機械学習といっても、そのタスクには多くの種類があります。たとえば、ネットワークを構成するノードの性質をカテゴリ分けする「ノード分類」や、観測される部分的なネットワークから潜在的なエッジの有無を予測する「リンク予測」などがあります。このようなタスクを、ノードに着目したタスクなのかエッジに着目したタスクなのか、教師あり学習なのか教師なし学習なのか、といった観点から整理します。これにより、状況に応じて適切なアプローチを選択できるようにすることが目標です。

第 5 章「ノード埋め込み」と第 6 章「グラフニューラルネットワーク」では、ネットワークデータを扱うことに特化した機械学習の個々の手法を紹介します。これらの章では、個々の技術を平易に解説することに注力し、技術の解説や実装を列挙しているように感じられるかもしれませんが、第 4 章で紹介したタスクの達成を意識することで、適切な手法を選び取れるようになります。ノード埋め込みや GNN は特に近年発展が目覚ましい技術で、研究で重要視される手法やデファクトスタンダードになりつつある手法を中心に、感覚的な理解を助ける内容になるように努めます。また、第 5 章では一般的な機械学習についても復習となるような解説を行い、ネットワークに特化した機械学習との共通点や違いにも着目します。

そして最後に第 7 章「さまざまな分野における実例」では、さまざまな分野におけるネットワーク分析の事例を紹介します。各種ドメインの現場でネットワークデータの分析がどのように価値を生み出しているのかを具体的に示しつつ、アイデアを得るヒントとなるポイントを意識して紹介することで、「自分も活用してみたい」と感じられるように工夫しました。各事例では、ここまでのデータ取得とハンドリング、機械学習技術に関連付けて、それぞれの取り組みがどのようなプロセスで構築されているかを意識できるように整理しました。この整理にあたって、直面している課題、達成したい目的、活用するデータに基づいて、なぜそのアプローチが選択され、効果的であったのかを考察しています。豊富な事例を通して、ここまでで紹介した知識を統合し、より具体的な活用方法として理解を深めてもらうことを目指しました。

想定する読者

本書は、仕事でネットワーク分析を活用したい方や、データサイエンスに興味をもつ大学生・大学院生を対象とした入門書です。できる限り感覚的に理解できるよう心がけましたが、線形代数の基礎知識があると、より深い内容まで読み解きやすいでしょう。また、分析の実装には、Python を用います。ネットワーク分析に用いるライブラリの使い方については都度解説を行いますが、Python の基本的な文法や主要なライブラリ（NumPy や pandas など）に関する初歩的な知識があればスムーズに読み進められます。

本書は実践に活かすことを念頭に企画されているため、「蓄積されたデータにネットワークを見出し、価値に変えたい」「表データを超えて、一歩踏み込んだインサイトを引き出したい」という熱意のある読者であれば十分読み通せる構成になっています。むしろ、そのような方々にとって、新たなインサイトを得るための手段としてネットワーク分析を使いこなすきっかけになれば幸いです。

本書で扱わないトピックと関連図書

本書では、ネットワークを扱う機械学習のさまざまなテーマを扱いますが、初学者向けの入門書という立ち位置から、以下のトピックについては詳細な解説を割愛しています（必要に応じて概要のみふれる場合はあります）。ここでは本書の対象外となる内容を簡単に紹介するとともに、追加で学ぶ際に有用な関連図書を示します。

機械学習の基礎知識と実践

本書では、データサイエンス全般を体系的にカバーするわけではなく、ネットワークに特化したアプローチを中心に解説しています。一般的な機械学習アルゴリズムの使い方やモデルチューニング、実験設計の方法については、本書で深くはふれません。機械学習の全体像や実践手法を学ぶ際は、たとえば『Kaggle で勝つデータ分析の技術』[127] などを参照されるとよいでしょう。

深層学習の基礎知識

第 6 章で GNN を導入する際、深層学習（deep learning）の基本構造や誤差逆伝播法（backpropagation）などの理論についての基礎知識が前提となっている箇所がありますが、その部分の背景理論までカバーすると本書の範囲を超えてしまうため詳細に扱いません。『深層学習』[119] などを併読いただくか、事前に学習しておくことを推奨します。

グラフニューラルネットワークの詳細な理論

第 6 章で GNN とその実装について紹介しますが、感覚的な理解を優先しているため、その数理的背景を十分に理解するには、もう一段階踏み込んだ文献が必要になります。たとえば、以下の和書が参考になります。

- 『グラフニューラルネットワーク』[122]
  GNN の理論的側面を深く扱っており、数式で丁寧に解説されているため、より学術的かつ網羅的に学べます。
- 『グラフ深層学習』[118]
  GNN やノード埋め込みについて、本書よりもやや踏み込んで解説されています。原著 “Deep Learning on Graphs”[64] はオンラインでプレプリントが公開されています[*1]。

複雑ネットワーク

複雑ネットワークとは、単純なネットワークには存在しない非自明な構造や性質をもつネットワークを指します。これらのネットワークは、コンピュータネットワーク、生物ネットワーク、技術ネットワーク、脳ネットワーク、気候ネットワーク、社会ネットワークなど、実世界の多様なネットワークの観測結果から着想を得たものであり、2000 年前後から研究が一層活発化している分野です。

複雑ネットワークは、多くの場合、ランダムなネットワークや単純な格子構造には見られない非自明な特徴（ハブとなる多数のつながりをもつノードの存在、ノード間の相関、コミュニティ構造、階層構造など）をもっています。これらの性質は、現実世界のネットワークが示す複雑なパターンや関係性を正確に表現するために重要です。

＊1　https://yaoma24.github.io/dlg_book/

本書では、第7章で複雑ネットワークの基本的な概念と、その知見がソーシャルネットワークの分析にどのように応用されているかを簡単に紹介しますが、詳細な理論や体系的な知識については本書の範囲を超えてしまうため扱いません。なお、複雑ネットワークをより包括的に学ぶには、以下の文献が有用です。

- 『ネットワーク科学』[116]
  文量は多いですが平易にまとめられており、分野の概観を得るのに適しています。原著はオンラインで読むことができ、データセットや講義スライドも閲覧可能です[*2]。
- 『複雑ネットワーク』[126]
  前述の『ネットワーク科学』よりも簡潔にまとめられた和書です。まずはこちらで概観を得るのもよいでしょう。

グラフィカルモデル

グラフィカルモデルとは、物事や変数の関係性や依存関係をネットワークを使って表現する方法です。たとえば、「ある出来事が他の出来事にどう影響を与えるか」といった関係性を視覚的に表したものです。確率と統計学を基盤とし、ベイジアンネットワークやマルコフ確率場などがその代表的な例ですが、統計的因果推論など多くの分野で活用されています。グラフィカルモデルを用いた多くの分析手法について概観した書籍には、たとえば『確率的グラフィカルモデル』[128] などがあります。

サンプルコード・サポート

本書で示すサンプルコードはPython によって記述します。コードの一部については本書の中で解説しますが、コードのすべてをご覧になりたい場合は以下に示す GitHub のリポジトリを参照してください。

https://github.com/ghmagazine/networkdata_practice_book

---

*2 http://networksciencebook.com/

また、ネットワークデータを扱い分析するにあたっては、複数のライブラリの力をふんだんに利用します。それぞれのライブラリについて、その使い方を詳細に解説することはしませんが、最低限の内容については適宜ふれるようにします。

本書のサンプルコードを再現するには、Google Colaboratory の使用を推奨します。Google Colaboratory は、クラウド上で Python コードを実行できる無料の環境であり、ブラウザから簡単にアクセスできるため、ローカル環境を構築する手間が不要です。本書で提供するコードは、Google Colaboratory 上で動作するように設計されており、GitHub のリポジトリから直接アクセスして試すことができます。

謝辞

本書の執筆にあたり、多くの方々からご支援とご助言を賜りました。まず、南山大学の塩濱敬之教授、ZOZO研究所の清水良太郎氏、LINEヤフー株式会社の小坪琢人氏には、大変お忙しい中にもかかわらず貴重な示唆と多方面にわたるアドバイスを頂戴し、深く感謝申し上げます。おかげさまで、本書の内容はより正確で分かりやすいものになりました。また、技術評論社の高屋卓也氏には、本書の編集・校正にわたりきめ細やかなサポートをいただくとともに、このような貴重な機会を頂けたことにも重ねて感謝いたします。著者2名ともに初めての書籍出版ということもあり、右も左も分からないまま進んできましたが、振り返れば要所で強く支えられていたのだとあらためて感じています。執筆期間中に惜しみない協力と励ましをくださった家族や友人、そして職場のみなさまにも、この場を借りて厚くお礼申し上げます。みなさまの理解と支えがなければ、本書を完成させることはできなかったでしょう。

最後になりますが、本書を手に取ってくださった読者のみなさまに心より感謝いたします。本書がみなさまの学習・開発・研究に少しでもお役に立てば幸いです。

2025年1月　黒木裕鷹・保坂大樹

目 次

1章

ネットワークデータの基礎

昨今では、データを収集し分析することによって、新しいインサイトを得たり、実用的なシステムを構築したりすることがすっかり一般的になっています。実際に多くの企業や公的機関がデータに基づいた意思決定を行い、機械学習システムを組み込んだサービスを展開しています。このような流れを受けて、データ分析の基礎を身につけるために関連文献を手に取る方も少なくないでしょう。

本書では、数あるデータ分析の中でも、特にネットワークデータの分析に焦点を当てます。ネットワーク分析は、さまざまな事象をネットワークという枠組みで捉え、その「つながり」という構造に基づいた特有のインサイトを得たり、複雑な問題を解決できたりする非常に強力なアプローチです。

本章ではまず、「ネットワーク」とは何か、その基本的な性質や要素を明らかにするところから始めます。そのうえで、具体的な事象をネットワーク上に表現する際の視点や手続きについて概観し、さらに取り扱われるネットワークデータには多様な種類があることを整理します。これらの基礎知識は、続く章で取り上げる応用的な手法の解説をスムーズに読み進めるための下地となるでしょう。

1.1 ネットワークとは

「ネットワーク」と聞くと、まず人々の関係性やインターネットなどを思い浮かべるかもしれません。たとえば、人間同士が「友人」という関係で結ばれている状況を想定すれば、それぞれの人が互いに関わり合う構造が見えてきます。これを図式化すると、人を示す点と、人と人の間の友人関係を結ぶ線からなる「友人ネットワーク」が得られます。図 1.1 は、友人ネットワークのイメージです。

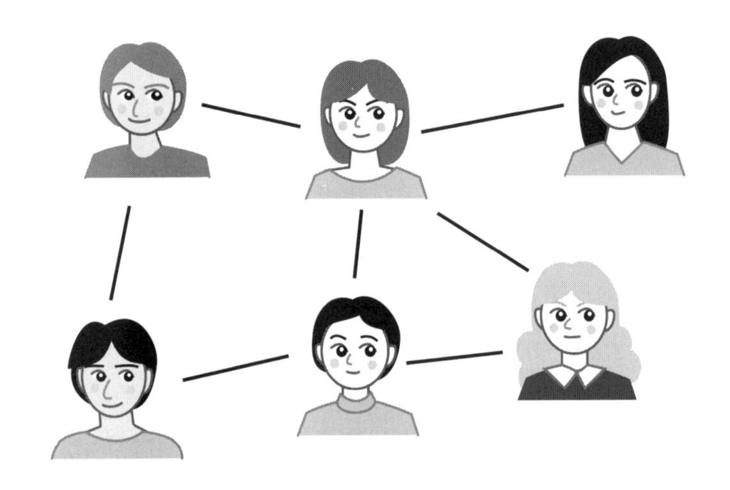

▪図 1.1: 友人ネットワークのイメージ

ここで、ネットワークをもう少し形式的に定義しましょう。ネットワークは、分析対象を表す**ノード**（node）と、ノード同士を結ぶ**エッジ**（edge）から構成される集合です。グラフ理論の文脈では、ノードは**頂点**（vertex)、エッジは辺やリンク（link）と呼ばれることもあります。ネットワークという概念は、数学や情報科学などの分野で古くから議論されてきた**グラフ**（graph）と本質的に同義であり、本書でもこの両者を特に区別せずに用います。

ここで重要なのは、ノードは人間に限らないという点です。企業、商品の販売記録、ウェブページ、遺伝子、さらには概念的な対象まで、独立した分析単位とみなせる実体はすべてノードになりえます。また、エッジも友人関係だけにとどまらず、人と人、物と物、人と物、概念と概念の間にある多様なつながりを表現できます。交流や類似性、因果関係、依存関係など、その対象に応じてさまざまな関係性がエッジによって記述されます。また、本章では、このような概念を**主体**と呼ぶことにします。

このようにネットワークを用いることで、単なる隣接関係を超え、多数のつながりによって構成される局所的な特徴や、大域的な特徴を捉えることが可能になります。たとえば、ネットワーク全体を見渡すことで、誰が中心的な役割を担っているか、共通の友人をもつグループが存在するか、あるいは最も遠い位置にいる人物は誰か、など多面的な情報が得られます。個々の主体を独立に扱う手法では、各人がもつ友人の数といった単純な集計値は求められても、このような大域的な構造に潜むパターンを見出すことは困難です。ネットワーク分析の利点は、まさにこの大域的な観点に基づく新たなインサイトを導き、利用できる点にあります。

ネットワークの特徴として、データ構造に課される制約が緩く、非常に幅広い事象をネットワークの形で表現できる点が挙げられます。この柔軟性は、他の代表的なデータ形式と比較することで理解が深まります。代表的なデータ形式のイメージを図 1.2 に示しました。表データ、時系列データ、テキストデータ、画像データなどは、その構造や依存関係があらかじめ固定化されていることが多く、表現可能なパターンが限定されます。たとえば、白黒画像は画素が格子状に配置された 2 次元配列（RGB 画像なら 3 次元配列）として扱われますが、これは「整然と並んだノード同士が近接関係で結ばれた、極めて規則的なネットワーク」とみなせます。言い換えれば、2 次元配列である白黒画像は、ネットワークの特殊なケースであると捉えられます。

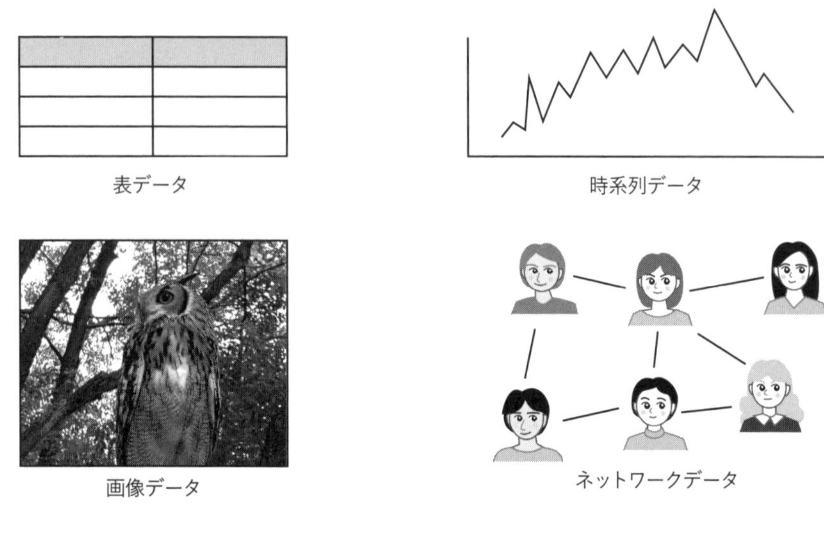

■図 1.2: 代表的なデータ形式のイメージ

表データはネットワークデータ同様に多様な分析対象を行（レコード）として扱いますが、それら観測対象間に直接的な依存関係が明示されることはほとんどありません[*1]。それゆえに、表データを対象に分析や予測を行う場合は、各主体のもつ特徴に焦点を当てた操作に集中することができます。その代表例が、線形回帰分析です。線形回帰は、観測対象がもつ目的変数（従属変数）を、同じ対象がもつ説明変数（独立変数）の線形和によって予測（説明）する手法であり、推論時に他の観測対象の説明変数は用いません。たとえば、「顧客データ」を表データとして扱う場合、各顧客の購買履歴や属性情報（年齢や居住地域など）を説明変数として、対応する顧客の購買額などを予測（説明）することが考えられます。

時系列データやテキストデータは、系列の方向に依存関係をもちます。ある時点での株価は、それ以前の株価に大きく依存するでしょう。テキストデータに目を向ければ、ニュース記事内で使用される単語も、前後の単語や文脈によって選択や意味が規定されます。これら系列データを対象とする分析手法では、「ある時点からどれくらい前（または先）の情報まで考慮するか」「時点間の距離に応

＊1　ただし、実務や機械学習コンペティションでは、表全体や一部を集計することで、ある観測対象の特徴量を他の観測対象の情報を用いて暗黙的に導くこともあります。この場合、完全な独立性は必ずしも前提とされません。

じて情報の利用方法を変えるべきか」といった課題が生じます。こうした依存関係の扱い方が、表データのような独立性が前提のデータ形式とは大きく異なる点です。

また、画像データの場合、観測対象であるピクセル同士が上下左右あるいは斜め方向など、多方向へ依存関係を張り巡らせていると考えることができます。もっとも、全方位的に依存が等しく強いわけではありません。たとえば、人物が立っている姿を描いた画像では、垂直方向（上下）を軸とした特徴が相対的に意味をもつため、縦方向の依存が顕著になります。画像処理で成功を収めている畳み込みニューラルネットワーク（Convolutional Neural Network；CNN）[54] は、この「放射状」ともいえる依存関係を数理的にうまく扱い、画像認識や物体検出などの難題を高精度で解決してきました。

ここまで比較してきた表データ、時系列データ、テキストデータ、画像データはいずれも、一定の方向性や規則性の下で依存関係が成立している点が特徴的です。これらに対して、ネットワークデータでは、依存関係の方向や形状にほとんど制約がありません。任意の二つの観測対象を結びつけることも、無関係なままにしておくことも可能で、関係性の柔軟さは極めて高くなっています。この特性は、ネットワークデータならではの強みであり、その一方で取り扱いを難しくする要因ともなります。

扱いが難しいとはいえ、長年にわたる研究努力によって、ネットワークデータから有用な情報を引き出す分析手法や機械学習技術は豊富に蓄積され、さまざまなタスクへ応用が進んでいます。たとえば、EC サイト上のユーザ行動をネットワーク化し、その構造を活用して優れた商品レコメンドを行う手法が知られています。また、テキストや画像をネットワーク形式へ再解釈する試みも行われており、自然言語処理や画像処理における新たな可能性が模索されています [40, 76]。さらに、キーワード同士や画像領域同士を結ぶことで、元のデータ形式では得られなかった情報伝達の仕組みを構築することも考えられるでしょう。

以上のように、他のデータ形式に比べて極めて柔軟な構造表現を可能にするネットワークデータは、分析対象の本質的な関係性に迫る有効な手段となりえます。次節では、ネットワークデータのさらなる活用に向けて、多種多様なネットワークの形態を整理していきます。

1.2 さまざまなネットワーク

前節では、ネットワークが「主体」となるノードと「つながり」となるエッジから構成される点を確認しました。しかし、ノードやエッジを組み立てる際には、実装上・モデル化上の違いから、いくつか異なるネットワーク形態が考えられます。本節では、そのバリエーションを体系的に整理していきます。

1.2.1 つながりの方向

ネットワークを構築する際、つながりが方向をもつかどうかは重要な要素です。たとえばSNSのフォロイー・フォロワーの関係など、主体間につながりがあっても対等でないケースがあります。そのような事象を表現するためには、単にノード同士をつなぐだけでなく、一方のノードから他方に向けて方向性をもつエッジを設定する必要があります。このような、エッジが方向をもつネットワークを**有向ネットワーク（directed network）**と呼び、方向をもたないネットワークをこれに対して**無向ネットワーク（undirected network）**と呼びます。

エッジの方向は、その解釈や分析結果に大きく影響を与えることがあります。たとえば、図1.3に示す企業間の転職ネットワークを考えてみましょう。あるノードに向かうエッジ（転職）が多ければ、その企業は他社から多くの人材を受け入れており、人気が高く成長中であると考えられます。一方、そのノードから出るエッジが多ければ、人材が他社に流出している企業であると解釈するのが自然です。このように、ネットワークの見た目が似ていても、エッジの方向によって解釈が大きく異なる点に注意が必要です。

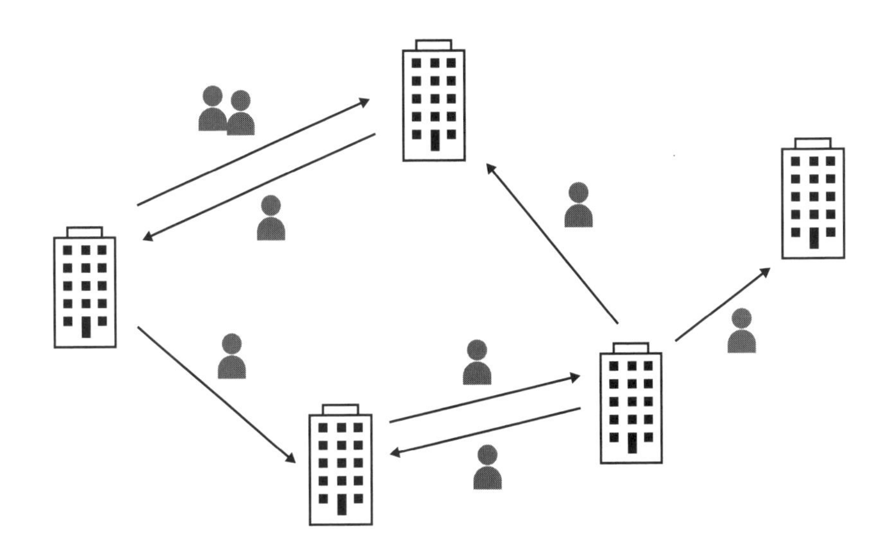

▪図 1.3: 有向ネットワークの例（転職ネットワーク）

もちろん SNS における相互フォローに代表されるように、双方向にエッジが張られる場合も考えられます。転職ネットワークについても、複数の労働者が転職したり、相互に転職し合っている状況が考えられるでしょう。有向ネットワークと捉えられるデータを分析する場合には、無向ネットワークに単純化してしまってよいのか、それとも有向ネットワークのまま分析するのがよいかを検討することが重要になります。

1.2.2 つながりの重み

つながりの「方向」と同じように、つながりの「重み」もネットワークとして事象を記述する際に重要な観点となります。例として、図 1.4 に示すような世界中にある空港間の関係を記述するネットワークを考えてみます。このようなネットワークでは、航路がエッジとなり、空港間の移動時間や料金、一定期間内の旅客者数などは、エッジに対して付与される重みと考えることができるでしょう。友人ネットワークを考える場合にも、メッセージの回数などを親密度として定義することができれば、それは重みとしてネットワークに取り入れることができます。このような、エッジに重みが付与されたネットワークを**重み付きネットワー**

ク（weighted network）と呼び、エッジに重みが付与されないネットワークを**重みなしネットワーク（unweighted network）**と呼びます。

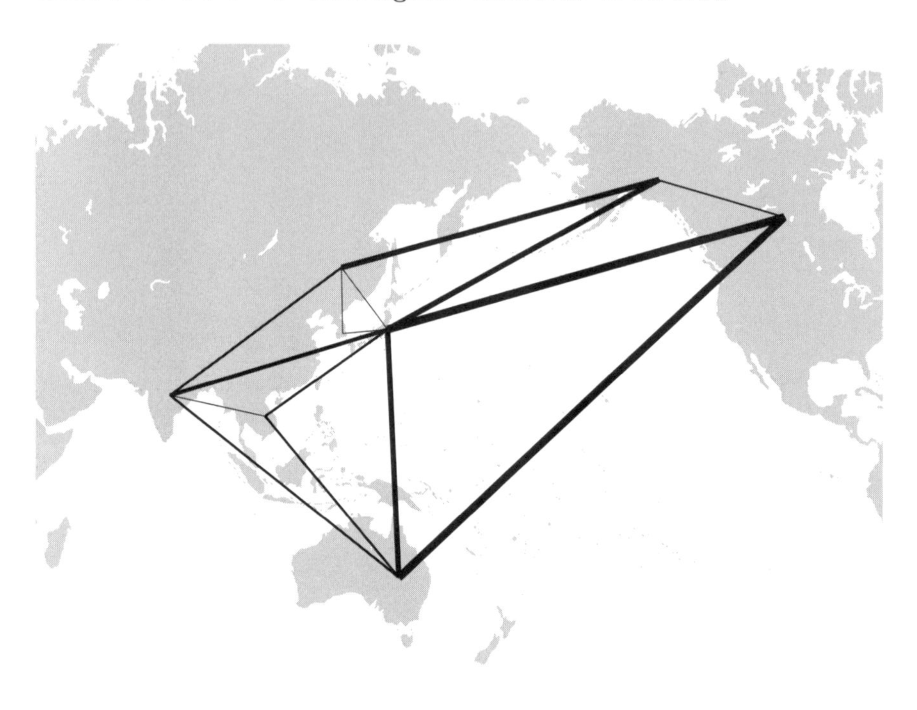

▪ 図 1.4: 重み付きネットワークの例（空港ネットワーク）。エッジの太さは移動時間を表し、データは著者らが仮想的に作成した。

同じ事象をネットワークとして記述する場合でも、解きたい課題により考える重みも変わってきます。上述した空港ネットワークの例において、いかに安く 2 地点を移動するかを考えたい場合には、空港間を移動する料金を重みとしてネットワークを構築することが望ましいでしょう。一方で、2 地点を最速で移動することを考えたい場合には、（乗り継ぎにかかる時間は別途考える必要がありますが）空港間を移動するのにかかる時間を重みにするのがよさそうです。

また、エッジの重みは、エッジの向きと複合することも考えられます。たとえば図 1.3 に示した転職ネットワークの事例においては、企業間を渡った人数を重みとして考えることで、転職のより強い流れや、スキルの転用がしやすい企業のグループを捉えることができるようになるでしょう。ネットワークに重みとして取り入れるべきかどうかは別として、主体間のつながりは同等なものである方が珍しく、濃淡があることがほとんどです。SNS のフォロイー・フォロワーの例においても、リアクションやメッセージを送る頻度などをエッジの重みとすることなどが考えられます。

1.2.3 主体、つながりの種別

これまでの例は、ノードおよびエッジが同じ種類の主体・つながりであるネットワークを扱っていました。SNS の友人ネットワークにおいては、すべてのノードは人間、エッジは「フォローしている」という行為でした。また、空港ネットワークにおいては、すべてのノードは空港、エッジは空港間を結ぶ便が存在するという状況でした[*2]。このような同種のノード、エッジにより構成されるネットワークを**同種ネットワーク（homogeneous network）**と呼びます。

しかし、実はネットワーク内のノードやエッジはすべて同質のものでなければならないという制約はありません。逆に、異質な主体やつながりを同一のネットワーク内で扱うことによって、新たな傾向が見えることがあります。このようなネットワークのことを、同種ネットワークに対して**異種ネットワーク（heterogeneous network）**と呼びます。異種ネットワークの代表的な例として、EC サイト上の顧客の購買行動を、顧客と商品をノード、購買するという事象をエッジとして表現したネットワークがあります。このような、2 種類のノード集合と、そのノード集合間にのみ同種のエッジが張られるネットワークを**二部グラフ（bipartite graph）**または二部ネットワーク（bipartite network）と呼びます。二部グラフの例として、EC サイト上の購買行動のイメージを図 1.5 に示しました。

二部グラフは必ずしもそのまま利用しやすいとは限りませんが、**射影（projection）**と呼ばれる操作を用いることで、分析を簡便にできます。射影では、二部グラフの片方のノード集合に注目し、もう一方のノード集合を経由して新たなエッジを生成します。たとえば顧客と商品からなる二部グラフにおいて、商品ノード集合に注目し、「顧客ノードを介して同じ顧客が購買した商品同士」を結ぶエッジを新たに張ると、商品同士の関連性を示す同種ネットワークが

---

*2 エッジとして扱いうる事象は多様であり、その整理と考察は第 2 章にて行います。

得られます。この新たなネットワークを分析すれば、相性が良い商品群を見つけ出したり、その関連性を活用して顧客への商品の推薦精度を高めたりできます。

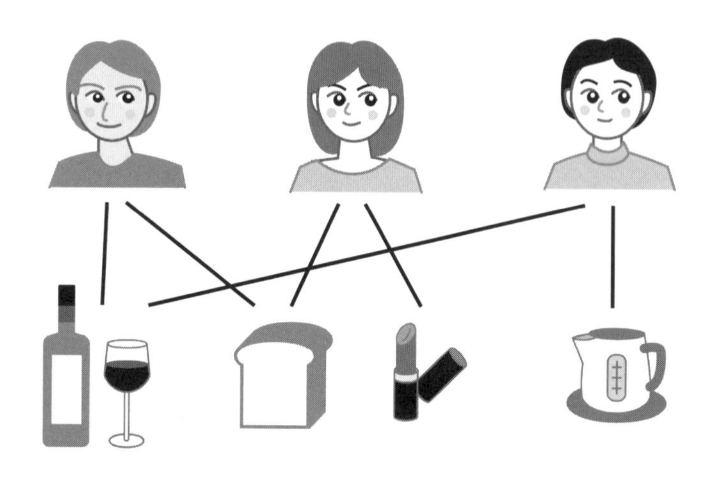

■図 1.5: 二部グラフの例（EC サイト上の購買ネットワーク）

また、別の代表的な異種ネットワークに、**知識グラフ（knowledge graph）**があります。知識グラフは、特定の観点で体系化された知識を、ノード（エンティティ；entity）とエッジ（リレーション；relation）で表すネットワークです。たとえば、「東京は日本の首都である」という知識は、「東京」という都市のエンティティが「日本」という国家のエンティティからの「首都である」というリレーションによって表現できます。また同時に、「佐藤さん」は「東京」に「住んでいる」という知識ももつことができます。知識グラフによって多様な情報を統合すれば、他の分析手法では扱いづらい複雑な知識関係を活用できるようになります。知識グラフの応用については、大規模言語モデルとの組み合わせや推薦システムへの応用を第 7 章で紹介しますが、体系的な知識やその扱いについては本書では扱いません。たとえば、文献 [117] などが参考になるでしょう。

1.2.4　主体、つながりの付属情報

ネットワークを構成する最小限の要素はノードとエッジです。しかし、現実世界で観測されるネットワークには、多くの場合、各ノードやエッジに特徴や属性

が付与されています。これらノードやエッジに付属する情報は**特徴量（feature）**と呼ばれます。たとえばSNSでは、年齢や性別といった属性情報だけでなく、プロフィール文や投稿などのテキスト情報も特徴量として考えられるでしょう。特徴量が付与されたノードから構成されるネットワークは、表データのレコード間につながりの情報を与えた、よりリッチなデータであるともみなせます。

エッジにも特徴量が存在する場合があります。空港ネットワークの例では、空港間を結ぶ便の航空会社や運航頻度といった特徴量が付与されることが考えられます。また、重み付きネットワークにおけるエッジの重みや、異種ネットワークにおけるノードの種別も特徴量と捉え直すことができます。エッジの重みは、エッジ上の1次元の連続的な特徴量と見なせますし、ノードの種別はノードに付与されたカテゴリカルな特徴量といえるでしょう。

1.2.5 時間変化の考慮

図1.3に示したような転職ネットワークでは、たとえば業界のトレンドの変化などから、時間の発展に伴ってその構造が変化していくことが想定されます。このような、時間発展に伴い構造が変わっていくようなネットワークを**動的ネットワーク（dynamic network）**と呼びます。これに対して、時間発展に対して性質が変わらないネットワークを**静的ネットワーク（static network）**、もしくは単にネットワークと呼びます。

時間発展によりネットワークが変化、成長することを考慮しようとすると、分析手法はより複雑になり、適切な分析や解釈もより困難になります。多くのネットワークは時間発展に伴い変化しますが、重要なことは、その時間発展性を分析に組み込むべきかどうかを判断することです。判断するための観点として、時間方向に対する変化量が大きいか、時間方向の変化は有用な特徴か、などを考えるのがよいでしょう。時間方向に対する変化量が小さければ実質的に静的なネットワークと捉えられるため、特徴を付加して分析を複雑化させるのは好ましくなく、時間方向の変化が有用な特徴でなければ、ネットワークを評価するタイミングで切り出して静的ネットワークとして扱ってもよいでしょう。また同様に、ある時点の状態にのみ興味がある場合や、傾向がその前後でも一貫していると想定される場合も、静的ネットワークとして扱うのがよいでしょう。

1.2.6 シンプルにネットワークを構成する

これだけの種類があると、ネットワークを定義するときに考えることが多いと感じてしまうかもしれません。実際に、世の中の多くのネットワークはノードやエッジの特徴量、時間発展性とさまざまな方向に拡張することが可能です。ただし、ネットワークを分析することで課題を解決するという目的に立ち返ると、どれだけネットワークに情報を付与するかは分析の成否を分けるポイントとなるでしょう。多くの構造的な特徴をもったネットワークは、それだけ分析も複雑になり、結果を解釈することも難しくなります。そのため、ネットワークに取り入れるべきかどうかを迷う情報がある場合は、まずはできるだけシンプルにネットワークを構成して分析を進め、必要だと判断した段階で情報を付け加えていくとよいでしょう。

1.3 ネットワークデータの表現方法

さて、ここまでネットワークの概要について話を進めましたが、実際にネットワークの分析を行う際には、コード上で扱いやすく、かつ解析を効率的に進めるために、ネットワークを数理的に表現することが重要となります。たとえば、ノード同士のつながりを行列として表現しておけば、既存の数値計算ライブラリや線形代数の手法を活用できるため、大規模なネットワークを対象にした演算やアルゴリズムを効率よく実装できます。また、解析の際には、ネットワークを表す特定の形式の行列（後述する隣接行列やグラフラプラシアンなど）やノードの特徴量を利用することが一般的です。これらの表現を活用すると、ネットワークの構造的特性を分かりやすい形で定式化し、機械学習や統計的な手法と組み合わせた高度な分析が可能になります。

本節では、ネットワークデータの数理的表現とよく用いられる形式を紹介します。以降の説明では、簡単のために、エッジが向きも重みももたない同種ネットワークを対象として説明を進めます。

1.3.1 数式による表現

ノードの集合 V とエッジの集合 E からなるネットワークを $G = (V, E)$ と表します。ここで E の要素であるエッジは、異なるノードである $u, v \in V$ の順序のないペア $e = \{u, v\}$ で表します。またこれに対応し、二つのノード $u, v \in V$ を結ぶエッジが存在し $\{u, v\} \in E$ である場合、二つのノードは**隣接（adjacent）**しているといいます。

ネットワーク上のノードの数 $N_V = |V|$ とエッジの数 $N_E = |E|$ は、それぞれネットワーク G の**大きさ**や**次数（degree）**と呼ばれることがあります。一般的に、ノード、エッジのいずれも整数で、$1, \ldots, N_V$、$1, \ldots, N_E$ とラベル付けされます。

ネットワーク分析において、ネットワークの中に内包される部分的なネットワークとして、**部分ネットワーク（subnetwork）**を扱うことがあります。ネットワーク $H = (V_H, E_H)$ が別のネットワーク $G = (V, E)$ の部分ネットワークであるとは、$V_H \in V$ および $E_H \in E$ が成立することを意味します。つまり部分ネットワークとは、元のネットワークからノードやエッジを一部抜き出して構成されるネットワークと言い換えることができます。上述の定義では、ネットワークには両端が単一のノードに接続されるエッジ（ループ）がなく、また、二つの頂点間に複数のエッジがあるペア（マルチエッジ）もありません。これらの特性のいずれかをもつネットワークはマルチグラフと呼ばれます。本書の説明では簡単にするため、そして一般的な慣習を反映して、主にループやエッジの重複を許さないネットワークに焦点を当てることになりますが、必要な場合にはマルチグラフについても言及します。

エッジに方向を考える場合には、各エッジは要素となるノードに順序付けをすることで表され、$\{u, v\}$ と $\{v, u\}$ を区別することになります。

1.3.2 隣接行列

ネットワーク G を分析するにあたっては、行列での表現を多用します。ここでは、最も一般的な形式である**隣接行列（adjacency matrix）**を紹介します。隣接行列 $\boldsymbol{A}$ は、$N_V \times N_V$ の対称行列で捉えることができ、式 (1.1) で表されます。

$$\boldsymbol{A} = [A_{i,j}] \quad \text{ただし、} \quad A_{i,j} = \begin{cases} 1 & \{i,j\} \in E, \\ 0 & \{i,j\} \notin E. \end{cases} \tag{1.1}$$

直感的なだけでなく、多くのプログラミング言語で行列を基本的データ型として扱えることから、隣接行列によるネットワークの表現は有用です。一方、ネットワークが大きい場合、特にノードのペアの組み合わせがエッジの数に対し非常に大きい ($N_V^2 \gg N_E$) 場合には、隣接行列のほとんどの要素が 0 となってしまいます（このようなネットワークは**疎**（**sparse**）であるともいいます)。結果として、多くの不要な 0 を保持しなければならず、メモリ効率が悪化するおそれがあります。このような場合には、ネットワークをエッジの集合や「あるノードに接続しているノードのリスト（辞書)」として表すことがしばしば行われます。こうした別の表現方法については、第 2 章で詳しく説明します。

また、各ノードの次数（接続されたエッジの数）を対角成分にもち、他の要素は 0 である $N_V \times N_V$ の対角行列を次数行列 $\boldsymbol{D}$ としたとき、$\boldsymbol{L} = \boldsymbol{D} - \boldsymbol{A}$ で表される行列 $\boldsymbol{L}$ を**グラフラプラシアン**（**graph Laplacian**）と呼びます。グラフラプラシアンは、ネットワークの性質を解析する際に極めて重要であり、機械学習への応用（ノード埋め込みや GNN など）でも頻繁に登場します。詳しい導入は第 5 章で行いますので、そちらを参照してください。

2章

ネットワークデータの発見・観測・構築

本章では、(1) ネットワークデータを自由に扱えるようになることと、(2) ネットワークデータを発見・観測するためのパターンを身につけることを目標としています。前半では、どのような現象をネットワークとして捉え、必要なデータをどのように探し入手すればよいのかを整理し、活用の可能性を広げます。後半では、ネットワーク分析ライブラリを使いこなすためのデータ変換や操作方法を解説し、分析の核心により多くの時間を割けるようにします。これらを習得すれば、次章以降で取り上げる具体的な分析技術も、「このシチュエーションに使ってみよう」とイメージしやすくなるでしょう。

2.1 分析前の確認事項

ネットワーク分析を行いたい場面は多岐にわたります。最もわかりやすいものは、手元にすでに明示的なネットワークデータがあり、そのネットワークとしての性質に興味がある場合です。たとえば、SNS 上の友人関係の密度を測りたい、あるいはネットワーク内の影響力のある中心人物を特定したいといったときは、本書や他のネットワーク分析関連の書籍で紹介される手法をそのまま適用できるでしょう。

一方で、興味のあるネットワークをまだ観測・入手できていない場合や、手元にあるデータに明確なネットワーク構造が見えていない場合でも、適切にデータを収集してネットワークを構成したり、データの中にネットワークを発見したりすることで、新たな視点の獲得につなげることができます。本章で紹介するパターンを身につければ、本章以降で登場するさまざまなネットワーク分析技術をより多彩な場面で活かせるようになるはずです。

まずは、分析の前段の流れを整理するために、以下の三つの観点を挙げます。

- 分析の目的：
  注目する現象のネットワークとしての性質に興味があるか。
- データの形式：
  注目する現象の観測は明確なネットワーク構造をもつか。
- データの獲得：
  分析するデータはすでに得られているか。

この三つの観点をもとに、分析に着手する前に考えるフローチャートを図 2.1 に示しました。すべての観点について満たせている（Yes の遷移をする）場合、つまり「注目する現象のネットワークとしての性質に興味がある」（その前提として「現象のネットワーク構造を捉えられている」）そして「分析するデータがすでに得られている」という場合には、スムーズに分析を始められるでしょう。多少の前処理は必要かもしれませんが、近年は分析に利用できるライブラリが充実しているため、大きな障壁にはなりにくいと考えられます。

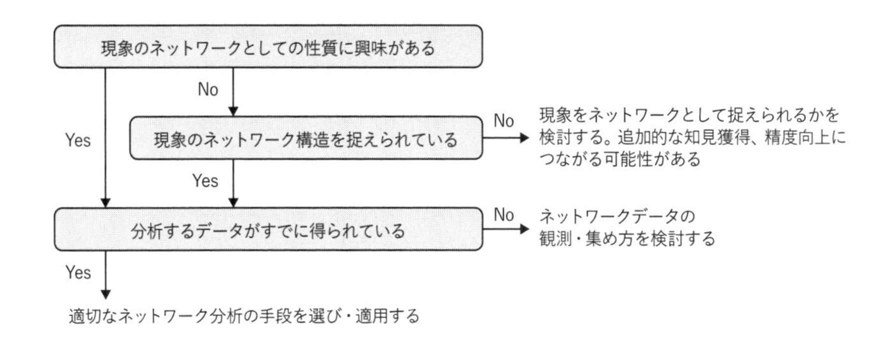

■ 図 2.1: ネットワーク分析の前段の流れ

一方で、データが手元にない場合は、新たに観測・収集する必要があります。さらに、ネットワーク全貌の観測が可能かどうかにも注意を払う必要があります。ネットワークが非常に大規模だったり、そもそも全容を把握できない環境にある場合には、ネットワークのどの部分をどのように抽出し取得するか、というサンプリング手法も重要になります。ネットワークのサンプリングについては 2.3 節で紹介します。

また、データのネットワークとしての側面に気づいていない、もしくはその必要性を感じていない場合でも、ネットワーク分析を取り入れることで追加的な知見や分析精度の向上が期待できることがあります。たとえば、EC サイトの購買ログ（表データ）から、商品のネットワークを作成し、商品間の距離を計算してみるなど、ネットワークとして捉えることで初めて算出できる特徴量もあります。また、企業における社員のコミュニケーションをネットワークに変換すれば、たとえば部署間に断絶が存在するかを測ることもできるでしょう。ネットワークという視点を加えると、従来の分析手法だけでは見つからなかったパターンや傾向を発見できる可能性があります。

こうしたメリットを享受するためには、「データの中にネットワーク構造を発見し、再構成できないか」という視点をもっておくことが重要です。本章の内容を踏まえ、手元のデータがネットワークとしての性質をもちうるかを積極的に検討してみてください。

2.2 ネットワークを発見する

一見するとネットワークとは思えないデータから、どのようにしてネットワーク構造を引き出すかに焦点を当てましょう。最も重要なのは、「ノードとノードを結ぶ関係（エッジ）をどのように見出すか」ではないかと著者らは考えます。ノードは分析の最小単位やカテゴリ（ユーザ、商品、ジャンルなど）のように、すでに存在が明らかになっていることが多いですが、エッジはその関係性であるため明示されていないことがあり、そのままでは見落とされがちです。エッジが可視化されていない元のデータの状態では、そのネットワーク構造に気づくことができません。

本節では、そうした潜在的なエッジを見つけ出すために、以下の四つの視点を紹介します。それぞれの視点が、どのようにノード同士の関係を捉え、ネットワークへと組み上げるのかを簡単に示したうえで、さまざまな分野の具体例を挙げていきます。一部の事例は第7章でさらに深く掘り下げますので、あわせて参考にしてください。

- 行動・状態を探し、結ぶ
- 共起関係を探し、結ぶ
- 移動・流れを探し、貼り合わせる
- 距離や類似度から完全グラフを作る

2.2.1　行動・状態を探し、結ぶ

行動や**状態**をエッジとして扱うことで、意味のあるネットワークを構築できる場合があります。以下にいくつかの例を挙げ、それぞれどのようにネットワークを見出し、分析に利用できるかを探ります。

SNSや社内コミュニケーションツールにおけるメンション

X（旧Twitter）のようなSNSプラットフォームやSlackなどの社内コミュニケーションサービスでは、ユーザ間でメンションや引用（リプライ）を用いてメッセージをやりとりするのが一般的です。これらのサービスで蓄積されるメッ

セージのデータは、個々の投稿を単位とするログとして記録され、ネットワーク構造が明示されているわけではありません。しかし、これらの「メンション」や「引用」といった行動をネットワークのエッジ、ユーザをノードと捉えることで、ネットワークを構築することができます。

また、このように変換することで、フォロー・フォロワーの関係を超え、組織内のコミュニケーションパターンや影響の流れ、社会的ネットワークの構造などを分析することが可能になります。たとえば、図 2.2 のような投稿が行われている状況を考えてみましょう。

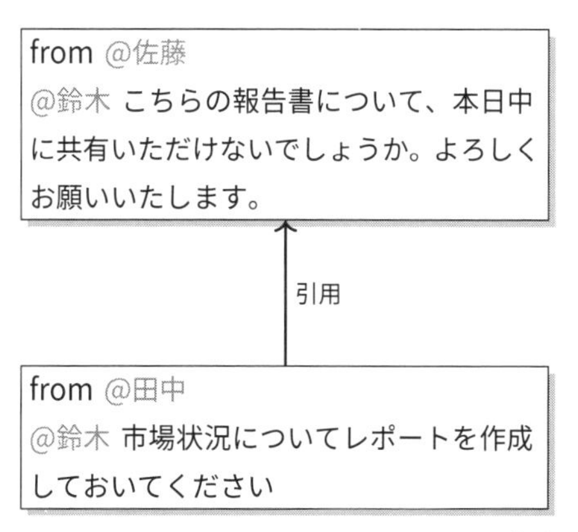

■図 2.2: 社内コミュニケーションツールにおけるユーザ間のメンションと、引用投稿の例

ここでは、二つの投稿が存在します。上の投稿は佐藤さんが鈴木さんに依頼をしている内容、下の投稿は田中さんが鈴木さんに指示をしている内容です。また、下の投稿は上の投稿を引用しています。鈴木さんへそれぞれ何らかの「仕事上の依頼」が行われている点から、組織内でこの 3 人が連携していることが推測できます。

それでは、この事象をネットワーク構造に変換してみましょう。結果の一例を、図 2.3 に示しました。ここでは、3 人（佐藤さん、田中さん、鈴木さん）をノードとし、2 種類のエッジを用意しました。

- メンションによる「仕事上のつながり」(無向エッジ)：
  メンションは、あるユーザが別のユーザに呼びかける行為です。組織やプロジェクト上のつながりを示すのに使いやすいことから、ここでは「ともに仕事をしている」ことを表す無向エッジと解釈しています。

- 引用による「情報の参照」（有向エッジ）：
  引用は、一方の投稿がもう一方の投稿を参照する行為です。情報が「引用元→引用する側」という方向で伝わると考えられるため、有向エッジとして表現しています。

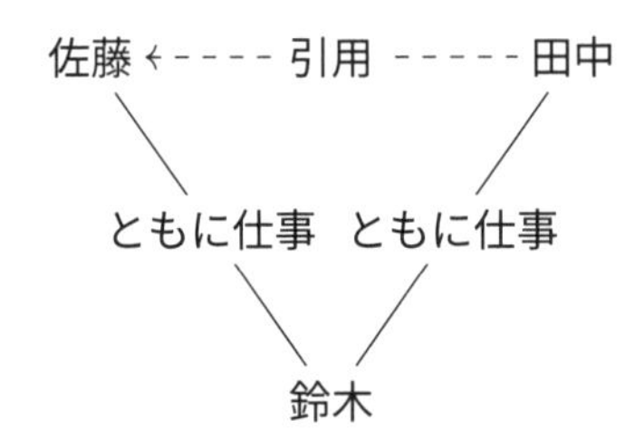

■ 図 2.3: ネットワークに変換した社内コミュニケーション

このように、メッセージのログをネットワークに変換することで、コミュニケーション構造や情報の流れを捉えやすくなります。たとえば、コミュニケーションの活発さや中心人物（よくメンションされる人）を解析したり、引用パターンから知識の共有経路を調べたりすることが考えられます。状況や目的に応じて、どの行動をエッジとみなし、どのように向きを定義するかを設計すれば、より有益な分析が可能となるでしょう。メンションの例においても、単に「一緒に仕事をしている」「連携している」と捉えたい場合は無向エッジとして、誰がどの情報を参照したかといった「情報の伝播」を見極めたい場合は有向エッジとして捉えることが考えられます。

取締役の兼任

すべての株式会社には取締役が置かれ、経営や業務遂行を行っています。誰がどの会社の取締役を務めているか、というデータは、通常は企業のホームページや報告書に、テキストデータや表データとして記載されており、直接的なネットワークは現れていません。しかし、この「務めている」という状態に着目し、これをエッジとみなすと、企業と人をノードとした二部グラフが浮かび上がります。また、1 人の取締役が複数の企業で取締役を務める「兼務」構造によって、このネットワークは大きく連結したものになります。この兼務構造があるとき、それら企業の経営には同一人物の知見が投入されることになるため、施策の細かい点が類似することや知識の伝播が起こっているのではないか、と想像することができます。たとえば図2.4のような単純な例を考えてみます。取締役1がA社とB社の両方で取締役を務めており、取締役2と3は兼任はないような状況です。

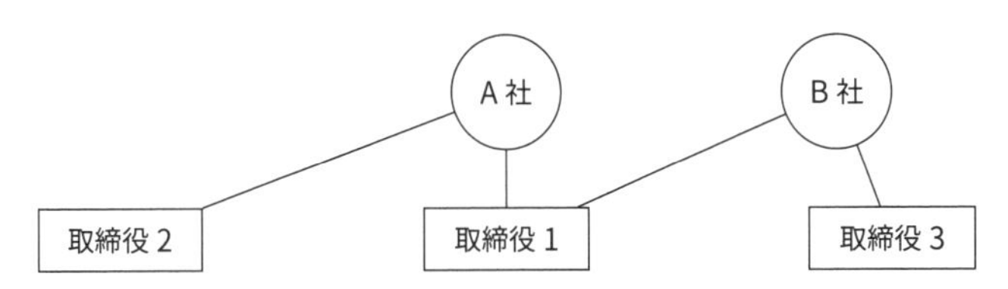

▪ 図 2.4: 企業における取締役の兼任状況の例

このまま人物と企業の二部グラフと捉えてもよいでしょうし、「同一人物により同じ知見が企業に導入されている」「取締役会を通じて人物間に交流がある」といった観点では、企業と人それぞれのネットワークに射影してもよいでしょう。射影した企業のネットワーク、人物のネットワークはそれぞれ図2.5のようになります。企業側に射影したネットワークを考える場合、エッジは「同じ人物が取締役会に入っている」という関係になります。取締役1の兼任を介して、A社で重要視されている戦略は、もしかするとB社の経営にも活かされているかもしれません。このような新しい視点は、行動や状態を起点にすることによって、はじめて得られるものです。

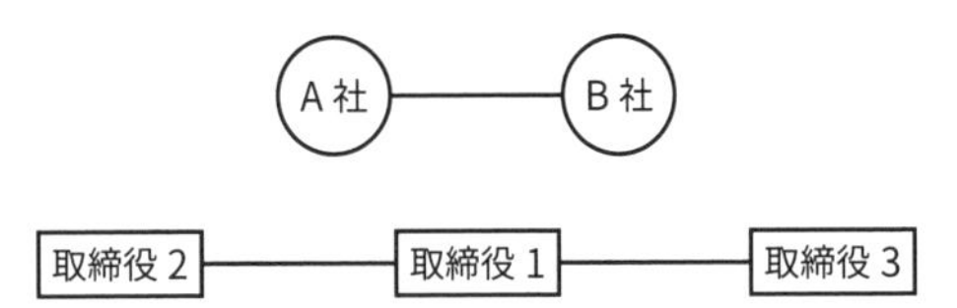

▪ 図 2.5: 兼任状況の二部グラフを企業・人それぞれに射影したネットワーク

ECサイトの購買

ECサイトにおける顧客と商品の関係は、購買やレビューといった行動を表データのログとして記録され、分析されます。ここで誰がどの商品を「買ったか」「レビューしたか」をエッジとして考えることで、商品と顧客をそれぞれノード集合とする二部グラフを構築できます。購入した金額やレビューで付与したスコアを重みとして考えてもよいでしょう。また、取締役の兼任ネットワークの例のように、どちらか1種類のノード（顧客または商品）に射影してネットワークを構築する方法もあります。顧客側に射影してエッジを張れば、「似たテイストやニーズをもつ顧客群」をネットワーク上で捉えられますし、商品側に射影すれば、「共通の顧客層がよく買い合わせる商品ペア」を発見しやすくなるでしょう。

このようなネットワークを分析すると、従来の購買データ分析や推薦システム（たとえば、平均購入金額の予測や商品レコメンドなど）の性能向上にとどまらず、「あるコミュニティだけで人気の高い商品は何か」「商品群の中で架け橋（橋渡し）となっているアイテムはどれか」といった追加的な知見が得られる可能性があります。たとえば、コミュニティ分析を用いて「類似した嗜好をもつグループ」を特定し、それぞれに適したキャンペーンを打ち出すといった活用法も考えられます。

ここまで、「メンションする」「務めている」「購入・レビューする」という三つの行動や状態をエッジとして捉え、データにネットワークとしての性質を見出す例を紹介しました。このように、複数の主体が関わるような行動や状態は、そのままエッジとして認識できることがわかります。

2.2.2　共起関係を探し、結ぶ

共起（co-occurrence）とは、ある事象のなかで複数の主体（要素）が同時に存在することを指します。ノード同士の直接的な関係が明示されていないときでも、「同時に登場している」という観点からエッジを見出すことで、データ全体をネットワークとして捉えられる場合があります。共起関係は、状態の中でも特にネットワーク分析との親和性が高いため、ここでは代表的な例を二つ紹介します。

購買のバスケット

小売業における購買ログは、通常、どの顧客がいつ・どの店舗で・どの商品を購入したかを表形式で整理します。前項では、「購買する」という行動をエッジとみなし、顧客 – 商品間の二部グラフを構築しましたが、ここでは「同時に買われる」といった商品同士の共起関係に着目します。たとえば、一つの買い物かご

（バスケット）に、牛乳・パン・コーヒー豆が同時に入っていたとします。すると、牛乳 – パン、パン – コーヒー豆、牛乳 – コーヒー豆という 3 組の商品間には「同じタイミングで購入された」という共起関係が成り立ちます。ここで、各商品をノードとし、共起関係を表すエッジを張ると、商品同士がどの程度買い合わせされるかを可視化するネットワークが得られます。

ニュース内の企業名の関係

ニュース記事や報道資料の中に登場する企業名の共起関係は、ビジネス上の重要な情報源となりえます。たとえば、ある経済ニュースに関連して複数の企業が取り上げられていれば、それらの企業には「同じ文脈で言及される関係」があるといえます（図 2.6）。このように、記事内での共起をエッジとして扱うと、表面上は明示されていない関係や、市場構造の「見えないつながり」を可視化できます。たとえば、企業をノード、記事を介した共起をエッジとするネットワークを生成し、その後クラスター分析などを行えば、競合他社のグループや共同で取り上げられやすい企業同士を効率的に洗い出すことが可能です。

A 社は XX 月 XX 日、B 社と資本業務提携契約を締結しました。

X 社は生成 AI について... との見解を示した。
（中略）
米国の Y 社も先月レポートを公表し、... としている。

■ 図 2.6: ニュース内の企業の共起のイメージ。

ここまで、「共起関係」という観点から、買い物かごで一緒に購入される商品や、ニュース記事で同時に言及される企業名を例に、ネットワークを作成する方法を紹介しました。同じ場所・文書・イベントに登場しているという状態をエッジに変換するだけで、データの背後にある構造や関連性を浮き彫りにできます。他にも、論文中で同時に引用される文献同士、SNS の投稿に並べて書かれるハッシュタグ同士など、さまざまな場面で共起関係は利用可能です。共起関係は「ネットワークを見出すうえで簡便かつ強力な手法の一つ」といえるでしょう。

2.2.3　移動・流れを探し、貼り合わせる

ヒトやモノの移動など、その経路や手順を時間軸に沿って追っていくと、移動先を順番に並べた道筋が「1次元の系列」として記録されることがあります。たとえば、労働者がどの企業を転職で渡り歩いてきたのか、あるいは荷物がどの拠点を経由して配送されたのか、といった単独の履歴やルートが、一つひとつの「系列」に当たります。このような系列（たとえば転職履歴や配送ルート）を複数集めて「貼り合わせる」ことで、ノード（企業や拠点など）間をつなぐ大きなネットワークを構築できる場合があります。こうして得られたネットワークを解析すると、ノード同士の相対的な距離感や、移動・流れの集まりやすいパターンなどが浮き彫りになります。本節では、この考え方を三つの例（転職、物流、顧客行動）を用いて紹介します。単一の系列のままでは見逃しがちな「共起のパターン」や「相性のよさ」が、ネットワークを経由するとより明確に把握できるのです。

転職ネットワーク

転職ネットワークは、個人が異なる組織間を移動するパターンをネットワークとして捉えたものです。職歴データは通常、履歴書やデータベースに個人ごとの時系列で記録されます。そこで、組織（企業など）をノードとみなし、複数人の職歴（所属組織の系列）を貼り合わせると、たとえば図2.7のようなネットワークを得ることができます。図2.7では、労働者1が「A社→B社→C社」、労働者2が「C社→A社」、労働者3が「D社→B社」という職歴をもっており、これらを貼り合わせた結果の転職ネットワークです。

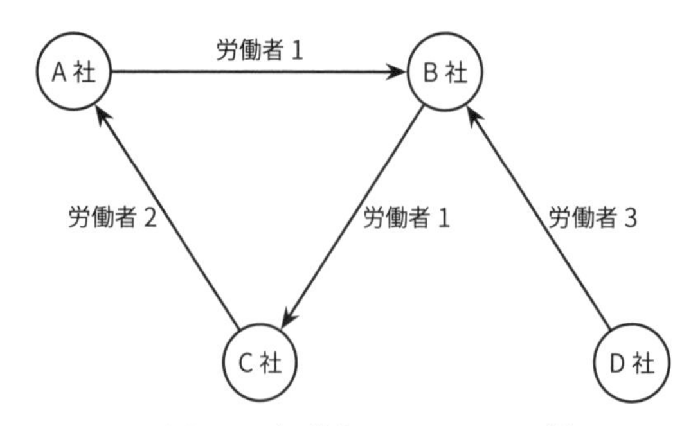

■図2.7: 転職ネットワークの例

このように、異なる労働者がたどる所属組織の履歴を系列として捉え、これを「貼り合わせ」てネットワーク化すると、組織間の移動頻度や人気度、要求スキルの類似性などが可視化しやすくなります。作成したネットワークから、どの企業・業界が景気が良い（最も多くの人材が集まる）のかを測ったり、候補者リストの中から、「転職してきやすい企業に所属している人」を特定したりすることも検討できるでしょう。なお、「異動」でも基本的な考え方は同じです。社内の部署間やグループ企業間を移る流れを貼り合わせれば、企業内部の人材の流動性を捉えることが可能です。

物流ネットワーク

物流ネットワークは、商品がどのように運ばれているか、その流れをまとめたネットワークです。このデータは在庫管理システムや物流追跡情報に記録されており、たとえばAmazonで注文した商品は、どこの配送所や拠点を経由したのかを追うことができます。また、企業間の取引を考えると、サプライチェーンを物流ネットワークで表すこともあります。これを多数の荷物・商品にわたって集めて「貼り合わせる」と、各拠点をノードとした物流ネットワークができます。

これにより、ある拠点からどこへ頻繁に荷物が移動しているか、どのルートがボトルネックになっているか、サプライチェーン全体を通じて効率化できそうなルートはどこか、といった疑問をネットワーク分析で解明しやすくなるでしょう。

顧客行動パターン

顧客行動パターンの分析では、顧客が商品やサービスにどう関与しているかを時間軸で捉えることが重要です。これまでも、購買行動や共起関係を通じて購買に関する情報をネットワーク化する例を取り上げましたが、たとえば「前後で連続して購入された商品」に注目することでも、商品のネットワークを得ることができます。実際には、顧客ごとの購買履歴を時系列で並べ、前後に隣り合う商品ペアにエッジを張り、多数の顧客についてこの作業を行う、というステップを踏みます。「次に何を買うか」という順序をより重視するならエッジに向きをもたせ、時間間隔を重視するならその短さを重みとして設定することが考えられます。

こうしたネットワークを作成することによって、ここまで紹介した共起関係では捉えきれない「時を近くして買われたこと」などを考慮できるため、推薦やプロモーション施策を検討する材料としても有用となりそうです。

2.2.4　距離や類似度から完全グラフを作る

二つのデータ同士がどの程度似ているか、あるいは異なるかを数値化したものを、一般に（非）**類似度（similarity）**や（疑）**距離（distance）**と呼びます（厳密に距離の公理を満たさない場合、「疑距離」と呼ばれることもあります）。これを重み付きのエッジとして扱い、すべてのノードのペアについて計算すると、ネットワークから新たな視点を得ることができます。ただし、エッジの重みがまったく0にならない限りは、すべてのノード間にエッジが張られるため、あらゆるノードの組み合わせがエッジで結ばれたネットワークである**完全グラフ（complete graph）**が得られます。

このようなネットワークの一つに、変数間の相関が挙げられます。意図的に作成した人工データでない限り、変数間の相関がちょうど0になることはほとんどありません。相関行列や分散共分散行列の要素を絶対値にしてエッジの重みとみなし、変数それぞれをノードとすれば、結果としてほとんどの場合で、図2.8のような完全グラフを描けます。

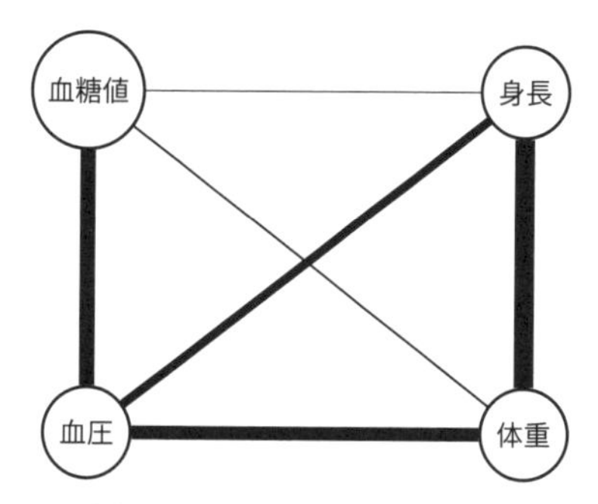

▪図 2.8: 変数をノード、変数間の相関係数の絶対値をエッジの重み（太さ）とした完全グラフの例

このように相関行列をそのままネットワーク化しても、多くの手法ですでに可視化や解析が可能であるため、メリットを感じにくいかもしれません。しかし、ネットワーク分析の技術を活用して似た性質をもつ変数同士をまとめたり、なさそうな相関をないと推定する（0に近い相関を0として推定する）ことで、より解釈しやすくネットワークを簡素化できるでしょう[*1]。相関行列では得られに

＊1　たとえば、分散共分散行列の逆行列である精度行列を、スパースに推定する Graphical Lasso [30] などがあります。

くい構造的な理解を促すという点で、ネットワークとして捉えるメリットがありそうです。また、このように変数をノードとして扱い分析する確率モデルは**グラフィカルモデル（graphical model）**と呼ばれます。

帳票の項目間の距離

もう一つ興味深い例を紹介します。レシートや請求書などの複雑なレイアウトをもつ帳票において、各セル間の相対的な位置関係をネットワークとして扱うことで、密接に関連している項目や、並列な情報をもつ項目などを明らかにすることができます。セル間の近さを重みとするだけでなく、座標が縦や横に重なるセル同士にのみエッジを考えるアプローチなども考えることができるでしょう。こうした情報が、欲しい項目の抽出に役立つかもしれません。この例については、第7章の「自然言語処理分野におけるネットワーク分析」で詳しく取り上げます。

2.3 ネットワークデータを観測・入手する

分析したいネットワークデータが手元になければ、新たなデータを取得する必要があります。しかし、このプロセスにはいくつかの問題が伴うことがあります。たとえば、ネットワークが大きすぎて全体を観測するのが困難であったり、ノードやエッジの出現が稀で観測しにくいといった問題です。本節では、これらの課題に対処するために、ネットワークを抽出し観測する**サンプリング手法**について、代表的なものをいくつか紹介します。ただし、手法によっては、サンプリング後の結果に偏り（bias）が発生するなどの重大な欠点があります。したがって、可能であればネットワーク全体を取得することが望ましく、部分的なサンプリングはやむを得ない場合に限って行うことが望ましいといえます。

各サンプリング手法に伴う偏りの特性や、その補正についてはすでにいくつかの研究が存在するものの、全貌を把握できないネットワークに対して置かれる仮定も強く、著者の知る限り実務において推奨できるような手法はまだ確立されていません。これらの概要についてさらに知りたい読者は、ネットワークデータの統計分析に関する教科書である“Statistical Analysis of Network Data”[53] を参照されるとよいでしょう。

なお、取得したデータは多くの場合、ログや表データ（たとえばCSV ファイルやデータベース）として蓄積されることになるでしょう。これは、実環境では必ずしもネットワーク構造としてデータが保存されているわけではなく、むしろ時系列のイベントログなどの形で集められるケースが一般的だからです。こうした形式のデータや pandas データフレームをもとに、どのようにネットワークを組み立てるか、具体的な実装例は 2.5 節で紹介します。

2.3.1　複数のノードを観測し、その間のエッジを見つける

任意の複数のノードを観測し、それらのノード間に存在するエッジもあわせて観測するサンプリング手法を**誘導サンプリング（induced subgraph sampling）**といいます。ここで「誘導」とは、あらかじめ選んだノード集合によって「誘発される」すべてのエッジを含む部分グラフを取り出すことを指します。つまり、あるノード集合を選んだとき、その集合内で張られているエッジをすべて観測するわけです。このようにして得られるネットワークを**誘導部分グラフ（induced subgraph）**と呼びます。誘導サンプリングは、たとえばネットワーク全体のうち特定のコミュニティとその内側だけに興味がある場合や、いくつかの代表的なグループを観測し、それらをもとにネットワーク全体を推測したいときなどに有効です。

具体例として、日本の学生同士がどのように友人をもち、どのようなコミュニティを形成しているかを調査したいとしましょう。日本全国の学生に一斉にアンケートを行い、友人をすべて列挙してもらうのは実質的に不可能に近いです。しかし、学生の交友関係の多くは同じ学校内に集中していると想定できます。そこで、ある学校に観測対象を限定すると、その学校の学生（複数のノード）と彼らの交友関係（ノード間のエッジ）を把握できるため、コミュニティ形成の傾向を分析できそうです。

ただし、このように観測対象を特定の学校に絞ると、その学校以外の学生や、ほかの学校とつながりのある交友関係は含まれません。ここでは特定の学校に対象を限定したことで、偏りが生じていると把握したうえで分析に取り組む必要があります。つまり、「学校外の友人関係が観測されない」ため、全国的な友人関係の構造をそのまま代表しているとは限りません。

誘導サンプリングを行うにあたっては、いくつかの注意点があります。まず、ノードの抽出をランダムに行う場合、抽出したネットワークにエッジがほとんど張られない可能性があります。ネットワーク全体の大きさに対し、抽出するノード数が少なすぎると、多くのノードが他のどのノードともつながらない**孤立ノー**

ド（isolated node）になりがちです。そのため、エッジがほとんどないような誘導部分グラフしか得られず、ネットワーク全体の構造を把握しづらくなる可能性があります。場合によっては、サンプルサイズを拡大したり、調査手法自体を見直したりして、あらためてデータを集め直す必要が出てくることを意味します。

また、抽出された誘導部分グラフが、ネットワーク全体を統計的に代表するわけではないことにも注意が必要です。選んだノード集合によって偏りが生じているため、そこから導き出された分析結果は、ネットワーク全体には当てはまりません。部分的なネットワークであるサンプルからの議論を全体に適用できるか、慎重に考える必要があります。

2.3.2 エッジを抽出し、つなぎ合わせる

誘導サンプリング（ノードをまず選ぶ）とは反対に、はじめにエッジを観測し、続いてその両端にあるノードを観測する手法を**エッジ誘導サンプリング（incident subgraph sampling）**といいます。

たとえば、ある程度大規模な企業内で、さまざまな部署間の連携を促すキーマンを特定したいとしましょう。もし企業内の社会ネットワークを全社員レベルで完全に観測できるなら、ハブになっている人物を直接探す方法が考えられます。しかし、全社員に「あなたが業務上かかわりのある社員をすべて挙げてください」と聞くには、膨大な手間やリソースが必要となるため、実現は容易ではありません。

一方で、社員同士のやり取りを示すエッジなら、比較的観測しやすいケースがあります。たとえば、「会議室に同時に入室した」「Google カレンダーで同じ会議に参加している」「Slack で直近やりとりをしている」などの行動ログを企業内システムから収集できるかもしれません。こうしたエッジ中心の情報を寄せ集め、それらを結び合わせることで、関連するノード（社員）を後から把握し、企業内の社会ネットワークを部分的に再構築できそうです。

エッジ誘導サンプリングについても、注意点があります。それは、つながりを多く有するノードが過剰に抽出されやすい、という点です。エッジを軸に観測する以上、つながりが多いノード（ハブ）ほど観測されやすくなり、結果として得られるネットワークは「中心的なノードの特徴」を過度に反映するものになります。これは偏りとなり、ネットワーク全体を見たときの分布と乖離してしまう可

能性があります。したがって、エッジ誘導サンプリングを使って得たサンプルについても、その議論を全体に適用する際には注意が必要です。

2.3.3　任意のノードとその近傍ノードを抽出する

はじめに複数のノードを観測し、続いてそれらノードを起点とするエッジをたどり、その先にある近傍ノードについても観測するサンプリング手法を**スターサンプリング（star sampling）**といいます。一つのノードを起点として観測を始める場合は、そのノードを中心に放射状の構造が得られるため、スター（星）の名称がつけられています。さらに、こうして抽出された近傍ノードを次の観測起点として展開していくと、サンプリング範囲が段階的に拡大していきます。この操作を繰り返すサンプリング手法は、雪玉が転がるにつれて大きくなるイメージにちなんで、**スノーボールサンプリング（snowball sampling）**と呼ばれます。スノーボールサンプリングでは、各段階での抽出をそれぞれウェーブ（wave）とも呼びます。スターサンプリングのイメージを図 2.9 に示しました。図では起点となる二つのノードから出発し、それぞれに接続するエッジ、さらにその先の近傍ノードが抽出されている様子がわかります。

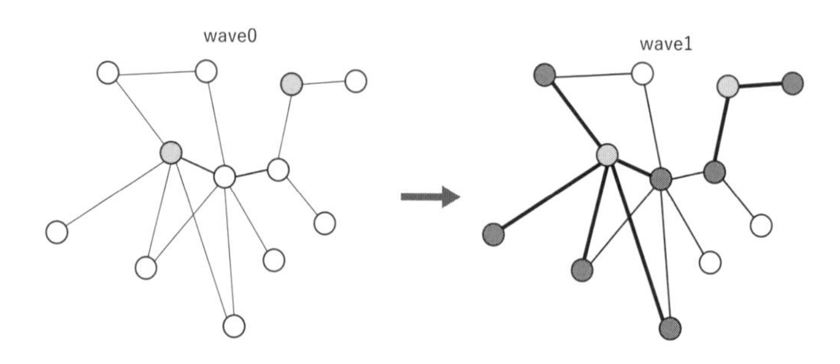

■図 2.9: スターサンプリング（スノーボールサンプリングの第 1 段階）の例

スターサンプリングやスノーボールサンプリングは、「ノードやエッジは探しにくい（抽出しにくい）が、すでに観測できているノードから近傍ノードをたどることは比較的容易である」ような状況で有用となります。たとえば、犯罪者ネットワークや性感染症ネットワークは、ノードを無作為に選んで情報を得るのが難しいケースの代表例です。しかし、一つでも起点となるノード（犯罪者や感染者の協力）が得られれば、そのノードに接続するエッジ（共犯関係や感染経路など）をたどって近傍ノードを発見することが可能です。結果として、最初に見つかったノードから周辺ノードへと段階的に観測範囲を広げられる点が特徴です。

ただし、スターサンプリングやスノーボールサンプリングにおいても、以下のような偏りが生じやすいことに注意が必要です。まず、エッジ誘導サンプリングと同様、大きい次数をもつノードほど抽出されやすいことが挙げられます。観測は基本的に「すでに見つかっているノードの近傍」に偏るため、多数のエッジをもつノード（ハブ的存在）が見つかりやすい一方、孤立ノードや遠く離れたノードにはたどり着きにくい可能性があります。また、サンプルがネットワーク全体の局所に偏り、ネットワーク全体を代表しないことがあります。たまたま観測が始まった起点ノードの周辺ばかりが詳しく分かり、ネットワークの遠方部分についての情報を得にくいことは想像にかたくありません。そのため、ネットワーク全体の傾向に興味がある場合は、より多くのウェーブの数や、より多くのノードを起点としたスノーボールサンプリングについても検討できるとよいでしょう。

2.3.4 経路を観測し、貼り合わせる

ノード集合（ソースノード）と、別のノード集合（ターゲットノード）をあらかじめ用意し、ソースからターゲットへ至る経路上にあるノードとエッジを抽出するサンプリング手法を**リンクトレーシング（link tracing）**といいます。リンクトレーシングのイメージを図 2.10 に示しました。図では、s_1, s_2 の二つのソースノード、t_1, t_2 の二つのターゲットノードがまず抽出され、続いてソースからターゲットまでの最短経路にあるエッジとノードを抽出しています。

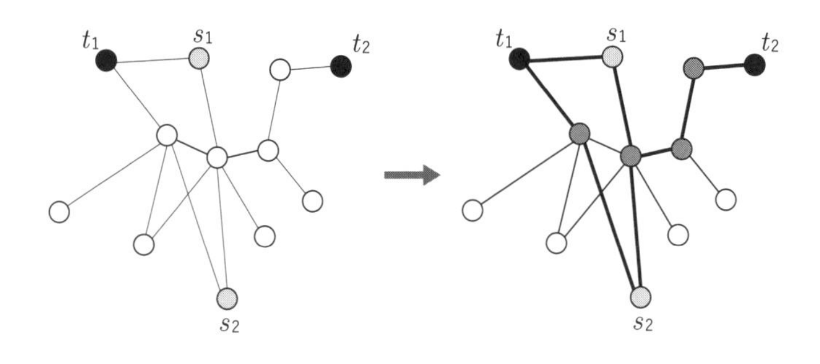

▪ 図 2.10: リンクトレーシングの例

リンクトレーシングが有効に機能するのは、「特定の経路に関する情報は簡単に取得できるが、ネットワーク全体を把握するのは困難」という場面が典型的です。その最たる例が、物理的なインターネットの通信経路の観測です。世界中に無数のルータが存在し、インターネット全体の構造を完全に把握するのは容易ではありませんが、一方で各ルータ同士を結ぶ通信経路は、`traceroute` のようなコマンドを使えば局所的に知ることができます[*2]。このように、特定のソース（自分の PC など）からターゲット（任意のサイトやサーバ）への通信経路をトレースしていけば、その途中にあるルータやノードの情報を部分的に収集できるのです。また、生物の移動経路を追跡している場合や、GPS 情報から交通網の一部を明らかにしたい場合などでも、有用な手法となりえます。いずれの場合でも、既知の「出発点」と「到達点」に注目し、それらを実際に結ぶ経路をたどってノードやエッジを積み上げるかたちでネットワークの一部を再構築します。

2.4 ネットワークのデータ形式

第 1 章では、ネットワークを数学的に表現する隣接行列を紹介しました。隣接行列は、ノード間の接続関係を行列で表せるため計算処理や解析に適していますが、大規模で疎なネットワークを扱う場合、メモリ使用量や処理効率の観点で不利なことがあります。

そのため、疎なネットワークを効率的に表すための方法として、エッジの集合やエッジリストなどを利用することが望まれます。本節では、Python を用いたネットワークデータの扱い方を中心に、一般的なデータ構造や、それらのデータ構造間の変換方法を紹介します。Python には、NetworkX や PyTorch Geometric といったネットワーク分析や機械学習に便利なライブラリが多数用意されているため、ネットワークの取り扱いや解析に広く利用される言語です。

まずは隣接行列以外でネットワークを表す方法を概観し、その後、Python を使って実際にネットワークデータを保持・操作する流れを学びましょう。

---

*2　`traceroute` コマンドは、ネットワーク上のパケットが宛先に到達するまでに通過するルーターやホップ（経路）を特定し、それぞれのホップにかかる時間を測定するためのツールです。ネットワークのトラブルシューティングや経路の分析に役立てることができます。

2.4.1 ネットワークの基本的なデータ形式

図 2.11 に示した小規模なネットワークの例に、代表的なデータ形式をあてはめます。

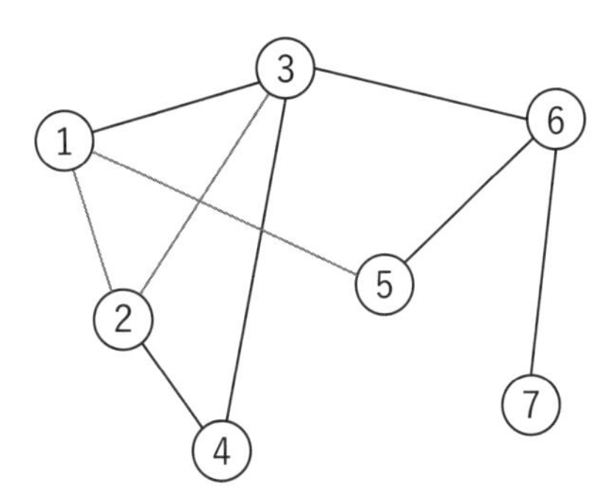

■ 図 2.11: ネットワーク例

はじめに、前述した隣接行列から見ていきます。図 2.11 のネットワークではノード v_1, v_2 の間にはエッジが存在するため、$A_{1,2}$ は 1 をとります。一方で、v_1, v_6 の間にはエッジが存在しないため、$A_{1,6}$ は 0 をとります。これをすべてのノードの組み合わせに対して行うと、以下のような隣接行列が得られます。

$$\boldsymbol{A} = \begin{bmatrix} 0 & 1 & 1 & 0 & 1 & 0 & 0 \\ 1 & 0 & 1 & 1 & 0 & 0 & 0 \\ 1 & 1 & 0 & 1 & 0 & 1 & 0 \\ 0 & 1 & 1 & 0 & 0 & 0 & 0 \\ 1 & 0 & 0 & 0 & 0 & 1 & 0 \\ 0 & 0 & 1 & 0 & 1 & 0 & 1 \\ 0 & 0 & 0 & 0 & 0 & 1 & 0 \end{bmatrix}.$$

このネットワークのノード数は 7 ですが、隣接行列では $7 \times 7 = 49$ 個の要素を保持する必要があり、しかもその多くは 0（疎）であることが分かります。0 の部分にもメモリは割り当てられるため、隣接行列で示されるネットワークが大規模になるほど、非効率な表現となっていきます。

より効率的にネットワークを表すためのデータ形式が、エッジリストと隣接リストです。**エッジリスト（edge list）**は、ネットワークを構成するエッジ（ノードのペア）をタプル[*3]で列挙し、それをまとめたリスト（または配列）として保持します。

図 2.11 のネットワークをエッジリストで表すと、以下のようになります。ここで、各タプルは一つのエッジを表し、タプル内の二つの要素はエッジが接続する二つのノードを示しています。例えば、(v_1, v_2) というタプルは、v_1 と v_2 の間にエッジが存在することを意味します。

$$[(v_1, v_2), (v_1, v_3), (v_1, v_5), (v_2, v_3), (v_2, v_4), (v_3, v_4), (v_3, v_6), (v_5, v_6), (v_6, v_7)]$$

エッジリストは、「追加・削除が発生した際の取り扱いが容易」というメリットがあります。たとえば、新しいエッジができたら、そのノードペアを一つ追加すればよいだけです。一方、孤立ノード（どこともつながっていないノード）についてはエッジリストに書き表せないため、ネットワークとして認識したい場合は別途管理が必要になります。たとえば、孤立ノード用のリストで管理したり、あるいはすべてのノードのリストを保持しエッジリストと併用するなどが考えられます。

なお、表データをネットワーク形式に変換したい場合、二つの列がノードを表し、各行が一つのエッジに対応する形式に変換できていると、その 2 列は「エッジリスト」とほぼ同じ構造になります。たとえば、表データの 1 列目をメッセージの「送信元ノード」、2 列目を「送信先ノード」とし、各行にメッセージの情報を記載した表データは、そのままエッジリストとして扱うことができます。この二つのカラムをそのまま使ってネットワークを構築できるため、データフレームから直接エッジリストを得られるケースも多いでしょう。

最後に、ノードごとに「どのノードとつながっているか」をリストとして保持する**隣接リスト（adjacency list）**を紹介します。Python においては、辞書（dictionary）で実装することが多く、以下のように「ノード名」をキーとして、「隣接するノードのリスト」を値とする方法が典型的です。たとえば図 2.11 のネットワークでは、v_1 には v_2, v_3, v_5 が接続しています。これをすべてのノードについて列挙すると、以下のようになります。

＊3　複数の要素を一定の順序でまとめたデータ構造（順序付きコレクション）をタプル（tuple）と呼びます。Python では `(3, "apple", True)` のように、異なる型の要素をまとめて一つの「組」とすることができ、作成後に要素の変更ができないという特徴をもちます。

$$
\begin{aligned}
&\{\\
&\quad v_1 : [v_2, v_3, v_5],\\
&\quad v_2 : [v_1, v_3, v_4],\\
&\quad v_3 : [v_1, v_2, v_4, v_6],\\
&\quad v_4 : [v_2, v_3],\\
&\quad v_5 : [v_1, v_6],\\
&\quad v_6 : [v_3, v_5, v_7],\\
&\quad v_7 : [v_6]\\
&\}
\end{aligned}
$$

隣接リストのメリットとしては、「ノード v_1 の近傍ノードを効率よく取得したい」といった用途に強いことが挙げられます。ノードの存在を明示的に記録できるため、キーとしてノードを登録して値を空リストにすれば孤立ノードも扱えます。

2.5 ネットワークデータのハンドリング

2.5.1 NetworkX との連携

それでは、Python でネットワークデータを扱う実践に移りましょう。本節では、代表的かつ強力なネットワーク分析ライブラリである NetworkX を用います。NetworkX には、ネットワークの作成・操作・可視化・分析のための機能が豊富に揃っており、各種アルゴリズムを簡単に実行できる点が特徴です。

ここでは、前節で紹介したエッジリスト、隣接リスト、隣接行列と、NetworkX の `Graph` オブジェクトとの相互変換を中心に、NetworkX の基本的な操作や可視化の方法を紹介します。詳細は公式ドキュメントを参照してください[*4]。NetworkX には、基本的な操作から伝統的な分析アルゴリズム、さまざまなレイ

＊4 https://networkx.org/documentation/stable/index.html

アウトの可視化まで、たくさんの処理が関数として用意されています。ネットワークデータで行いたい処理がある場合は、まず NetworkX が提供する関数を探してみるとよいでしょう。

Graph オブジェクトを作る

NetworkX では、ネットワークを表すために Graph オブジェクト（無向ネットワークの場合）を使用します。このオブジェクトは、前節で紹介した 3 種類のデータ形式（エッジリスト、隣接リスト、隣接行列）から直接作成できるほか、他のライブラリが提供するネットワークを表すオブジェクトへの変換機能なども備えています。

まず、以下のように必要なライブラリを読み込みます。ここでは NetworkX を nx として読み込み、数値演算や配列操作に便利な NumPy ライブラリもあわせて読み込みます。

In

```
# ライブラリの読み込み
# まだインストールされていない場合はインストール
# !pip install networkx

import networkx as nx
import numpy as np
```

はじめに、エッジリストを用いて Graph オブジェクトを作ってみましょう。エッジリストとは「ノードのペア（タプル）の集合」でした。以下の例では、前節の図 2.11 のネットワークを、文字列のノード名で表しています。作成したエッジリストから Graph オブジェクトに変換するには nx.Graph() を用います。また、nx.draw() でネットワークを描画できます。ここでは、Graph オブジェクトを G として定義しています。

In

```
# エッジリストの作成
edge_list = [
    ("v1", "v2"),
    ("v1", "v3"),
    ("v1", "v5"),
```

```
    ("v2", "v3"),
    ("v2", "v4"),
    ("v3", "v4"),
    ("v3", "v6"),
    ("v5", "v6"),
    ("v6", "v7"),
]

# エッジリストから Graph オブジェクトの作成
G = nx.Graph(edge_list)
nx.draw(G, with_labels=True)
```

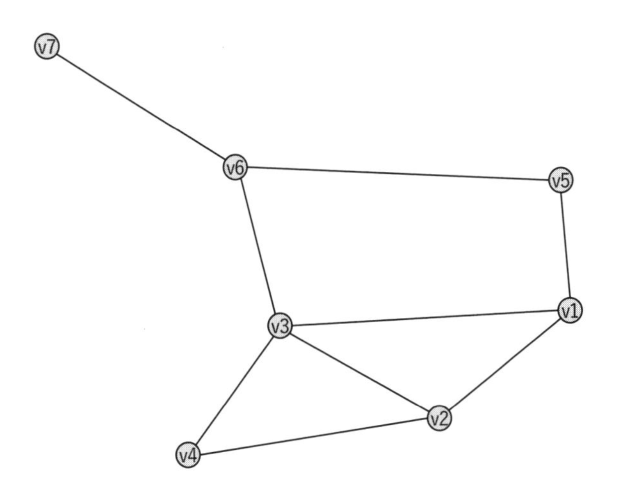

■図 2.12: NetworkX で描画したネットワーク例

Graph オブジェクトがどのようなノード、エッジをもっているかを確認してみましょう。それぞれ、Graph.nodes()、Graph.edges() で取得できます。また、引数 data=True を指定することで、付属する属性や変数も確認できます（ここでは何も設定していないため空の結果が返ります）。

In

```
# ノード一覧の確認
print(G.nodes())
# ノードに付属する情報も合わせて確認（ここでは空）
print(G.nodes(data=True))

# エッジ一覧の確認
print(G.edges())
# エッジに付属する情報も合わせて確認（ここでは空）
print(G.edges(data=True))
```

Out

```
['v1', 'v2', 'v3', 'v5', 'v4', 'v6', 'v7']
[('v1', {}), ('v2', {}), ('v3', {}), ('v5', {}), ...]
[('v1', 'v2'), ('v1', 'v3'), ('v1', 'v5'), ('v2', 'v3'), ...]
[('v1', 'v2', {}), ('v1', 'v3', {}), ('v1', 'v5', {}), ...]
```

先ほどは、各ノードを"v1", "v2"のように名前をつけてエッジリストを作成しました。文字列でなく、[(0,1), (0,2)] のようにインデックスで作成し、あとから名前をつけたいときは、nx.relabel_nodes() を使います。

In

```
# 命名の対応を作成する
mapping = {
    "v1": "a",
    "v2": "b",
    "v3": "c",
}

# 命名の対応にしたがって名前をつける
H = nx.relabel_nodes(G, mapping)
print(H.nodes())
```

Out

```
['a', 'b', 'c', 'v5', 'v4', 'v6', 'v7']
```

続いて隣接リストから作成します。すべてのノードについて、接続している先のノードを列挙するのが隣接リストでした。これをデータで表現するには辞書形式が適しています。以下のように隣接リストの辞書を作成し、エッジリストと同様に nx.Graph() で Graph オブジェクトを作成することができます。

In

```
# 隣接リストの作成
adj_list = {
      "v1": ["v2", "v3", "v5"],
      "v2": ["v1", "v3", "v4"],
      "v3": ["v1", "v2", "v4", "v6"],
      "v4": ["v2", "v3"],
      "v5": ["v1", "v6"],
      "v6": ["v3", "v5", "v7"],
      "v7": ["v6"],
}

# 隣接リストから Graph オブジェクトの作成
G = nx.Graph(adj_list)
nx.draw(G, with_labels=True)
```

続いて、隣接行列から Graph オブジェクトを作成する方法を紹介します。ほとんどの実データは疎（0 が多い）な隣接行列が多く、エッジリストや隣接リストで扱うほうが一般的ですが、数学的な取り扱いやアルゴリズムの都合で隣接行列が使われるケースもあります。

行列は NumPy ライブラリの 2 次元配列として作成されることが多く、NetworkX もこの形式からの Graph オブジェクト作成に対応しています。NetworkX では、NumPy ライブラリの配列から Graph オブジェクトを作るときは nx.from_numpy_array() を使います。これは、前述の nx.Graph() と異なる関数を用いる点に注意してください。

In

```
# 隣接行列の作成
adj_matrix = np.array(
      [[0, 1, 1, 0, 1, 0, 0],
```

```
    [1, 0, 1, 1, 0, 0, 0],
    [1, 1, 0, 1, 0, 1, 0],
    [0, 1, 1, 0, 0, 0, 0],
    [1, 0, 0, 0, 0, 1, 0],
    [0, 0, 1, 0, 1, 0, 1],
    [0, 0, 0, 0, 0, 1, 0]],
)

# 隣接行列から Graph オブジェクトの作成
G = nx.from_numpy_array(adj_matrix)
nx.draw(G, with_labels=True)
```

DataFrame オブジェクトから Graph オブジェクトを作る

ノード間の接続情報が列（カラム）として整理されたデータを、pandas ライブラリの DataFrame オブジェクトとして保持しているケースも多いでしょう。NetworkX には、DataFrame オブジェクトを直接読み込み、ネットワークに変換するために nx.from_pandas_edgelist() が用意されています。以下に簡単な例を示します。

In

```
import pandas as pd

# データフレームの作成
data = {
    "source": ["A", "B", "C", "A"],
    "target": ["D", "A", "E", "C"],
}
df = pd.DataFrame(data) # 辞書から DataFrame を作成

# NetworkX Graph の作成
# 第 2・第 3 引数にはノードを示す列名を指定
G_df = nx.from_pandas_edgelist(df, "source", "target")

# 描画
nx.draw(G_df, with_labels=True)
```

このように、source 列と target 列（名称は任意）にノード情報をもつ DataFrame オブジェクトから、自動的にエッジリストを読み取り、NetworkX の Graph オブジェクトに変換できます。実際の業務や分析の場面では、トランザクション履歴など、さまざまな形で表のデータが取得されることも多いでしょう。そうした場合には、まず DataFrame オブジェクトとして読み込み整形したうえで、nx.from_pandas_edgelist() を用いてネットワークに変換する手法が便利です。

ノードやエッジの追加

新たなデータが観測された場合や、別のソースに由来するデータを追加したい場合など、既存のネットワークにノードやエッジを追加することがあります。このような場合には、Graph.add_node() や Graph.add_edge() を用います。また、nx.Graph() で空の Graph オブジェクトを作成したのち、この方法を用いてデータを加えていく方法もあります。

ここでは、先ほど作成したネットワークを Graph.copy() でコピーし、新たなノードとエッジを追加してみましょう。

In

```
newG = G.copy()

# ノード単体の追加
newG.add_node(10)

# エッジ単位の追加
# このタイミングでノード 11 も追加される
newG.add_edge(10, 11)

# 複数のエッジの追加
newG.add_edges_from([(11, 6), (10, 6)])
nx.draw(newG, with_labels=True)
```

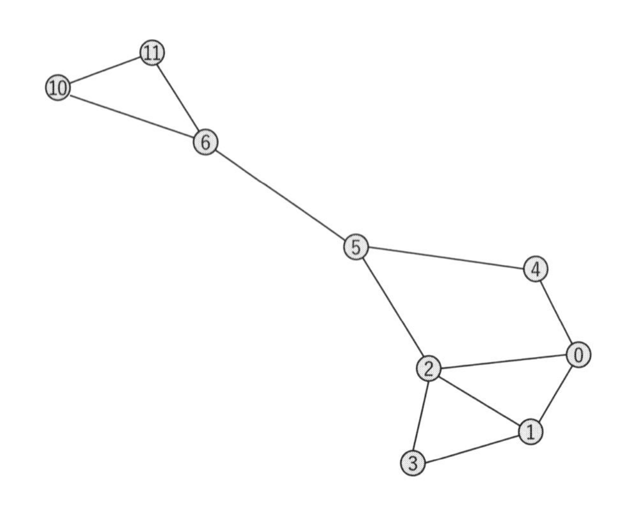

▪図 2.13: 新たなノードとエッジを追加したネットワーク

新たなノードやエッジが追加され、ネットワークがより大きくなっていることがわかります。実は、`Graph.add_node()` や `Graph.add_nodes_from()` を利用する機会は多くありません。データのネットワーク構造に興味があるときは、主体間のつながりに興味があるときです。つまり、新たにノードを追加したいとき、そのノードはいずれかのノードと接続されていることを考えると、`Graph.add_edge()` や `Graph.add_edges_from()` の中で指定してしまえば事足ります。

Graph オブジェクトを汎用的なデータに戻す

本項では、Graph オブジェクトを前節で紹介した 3 種類のデータ形式（エッジリスト、隣接リスト、隣接行列）に戻す操作を紹介します。NetworkX での分析結果を書き出したり、他のライブラリに渡したりする場合に頻出する処理です。`nx.adjacency_matrix()` では Graph オブジェクトを SciPy ライブラリの `csr_array` オブジェクトとして、疎な隣接行列に変換します。さらに `csr_array.todense()` を実行することで、NumPy ライブラリの 2 次元配列として密な隣接行列を得ることができます。また、エッジリストや隣接リストを得るには、それぞれ `nx.edges()`、`nx.to_dict_of_lists()` を用います。

In

```
# 隣接行列（スパース行列）
mat_adj = nx.adjacency_matrix(G)
print(mat_adj)

# 隣接行列（密行列）
print(mat_adj.todense())

# エッジリスト
edge_list = nx.edges(G)
print(edge_list)

# 隣接リスト
adj_list = nx.to_dict_of_lists(G)
print(adj_list)
```

ノードやエッジに情報を追加する

分析するネットワークにおいて、ノードやエッジに付属する**属性**（**attribute**）を考慮したい場合があります。Graph オブジェクトのノードやエッジに、文字列や数値を自由に属性として設定できます。また、Graph.add_nodes_from() や Graph.add_edges_from() で引数に dict オブジェクトを入力することで、複数のノードやエッジに対してまとめて属性を設定することもできます。エッジについては特にその重みを設定することが多く、また"weight"という名前で設定しておくと、他の関数でもデフォルトで"weight"を重みとして扱うことが多いので便利です。

In

```
newG = G.copy()

# 0 番目のノードに"name", "signal"という名前で属性情報を追加
newG.nodes[0]["name"] = "v1"
newG.nodes[0]["signal"] = 1.3

# 複数のノードに属性情報を追加
```

```
newG.add_nodes_from(
    [
        (1, {"name": "v2", "signal": 1.4}),
        (2, {"name": "v3", "signal": 1.5}),
    ]
)

# 0 番目と 4 番目をつなぐエッジに属性"weight"を追加
newG.edges[0, 4]["weight"] = 2
# "weight"以外の属性を自由に設定することも可能
newG.edges[0, 2]["name"] = "fuga"

# ノード情報の表示
print(newG.nodes(data=True))

# エッジ情報の表示
print(newG.edges(data=True))
```

Out

```
[(0, {'name': 'v1', 'signal': 1.3}), (1, {'name': 'v2', ...
[(0, 1, {'weight': 1}), (0, 2, {'weight': 1, 'name': ...
```

出力結果から、設定した属性がノードやエッジに反映されていることがわかります。Graph.nodes() や Graph.edges() で引数 data=True を指定することですべての属性情報を取得・表示できますが、特定の属性のみに興味がある場合には、nx.get_node_attributes() や nx.get_edge_attributes() で引数に属性名を指定することで取得できます。

In

```
# ノードの情報の取得
print(nx.get_node_attributes(newG, "name"))
print(nx.get_node_attributes(newG, "signal"))
```

```
# エッジの情報の取得
print(nx.get_edge_attributes(newG, "weight"))
print(nx.get_edge_attributes(newG, "name"))
```

Out

```
{0: 'v1', 1: 'v2', 2: 'v3'}
{0: 1.3, 1: 1.4, 2: 1.5}
{(0, 1): 1, (0, 2): 1, (0, 4): 2, (1, 2): 1, ...}
{(0, 2): 'fuga'}
```

2.5.2 PyTorch Geometric との連携

ネットワーク分析のための重要なツールに PyTorch Geometric があります。PyTorch Geometric は、深層学習をネットワークデータに適用するための PyTorch ライブラリを拡張したライブラリであり、特にグラフニューラルネットワーク（Graph Neural Network；GNN）の開発に適しています。PyTorch Geometric を用いた GNN の実践は第 6 章で行いますが、PyTorch ライブラリの配列と NetworkX の `Graph` オブジェクトとを相互に変換する処理は重要なので、ここで紹介します。

PyTorch Geometric のデータ型とその作成

PyTorch Geometric では、ネットワークは `torch_geometric.data.Data` のインスタンス（`Data` オブジェクト）によって記述され、以下の要素をもつことができます。

- `Data.x`：
  (ノード数) × (次元数) の、ノードの特徴量行列
- `Data.edge_index`：
  形状が 2 × (エッジ数) で型が `torch.long`（PyTorch の 64 ビット整数を表すデータ型）のエッジリスト。一般的なエッジリストは「ノードのペアを行方向に並べる」形式をよく見かけますが、PyTorch Geometric では列方向に [始点, 終点] のペアを並べる点に注意が必要です

- Data.edge_attr：
  形状が (エッジ数) × (次元数) の、エッジの特徴量行列
- Data.y：
  形状が (ノード数) × (ラベル数) の、ネットワークもしくはノードに対応する目的変数を表す行列

これらの要素がすべて存在する必要はなく、さらに独自の属性も定義することができます。ここでは例として、三つのノード（0, 1, 2）をもつ無向ネットワークを作成してみましょう。この例では、ノード 0 と 1 、ノード 1 と 2 をそれぞれ双方向で接続し、各ノードには一つの特徴量を設定しています。また、これらの特徴は、この順番でそれぞれノードに対して-1, 0, 1 と設定しています。最終的に、これらの情報を使用して Data オブジェクト G を作成し、さらに to_undirected() で無向ネットワークへと変換しています。

In

```
import torch
from torch_geometric.data import Data
from torch_geometric.utils import to_undirected

edge_index = torch.tensor(
    [
        [0, 1, 1, 2],
        [1, 0, 2, 1],
    ],
    dtype=torch.long,
)
x = torch.tensor([[-1], [0], [1]], dtype=torch.float)

G = Data(x=x, edge_index=edge_index)
data.edge_index = to_undirected(data.edge_index)
```

既存のデータセットの読み込み

続いて、PyTorch Geometric を使用して、用意されたデータセットを読み込む例を紹介します。PyTorch Geometric にはたくさんのデータセットが用意さ

れており、torch_geometric.datasets モジュールから読み込むことができます[*5]。PyTorch Geometric の Dataset オブジェクトは、内部的に複数の Data オブジェクトをまとめて扱える仕組みになっています。つまり、一つのデータセットにいくつかのネットワークが含まれている場合、それぞれのネットワークが個別の Data オブジェクトとして管理され、それらをまとめたものが Dataset オブジェクトとなります。

以下では、論文の引用関係を扱った有名な Cora データセットを torch_geometric.datasets.Planetoid() を通して読み込みます。引数 root にはデータセットを保存するファイルパスを、name には読み込むデータセット名[*6]を入力します。Cora データセットはノードを論文、エッジを引用関係で表現し、各ノードに特徴量のベクトルと学術領域のクラスラベルが付与されています。ここでは、dataset には Dataset クラスを継承した Planetoid クラスのインスタンスが代入されます。

In

```
from torch_geometric.datasets import Planetoid
dataset = Planetoid(root="./dataset", name="Cora")
```

読み込んだデータセットの概要を見てみましょう。データセットの基本的な情報が表示されています。具体的には、データセット内のネットワークの数、ノードのクラス数、ノードの特徴量の次元数、エッジの特徴量の次元数を出力します。それぞれ、Dataset オブジェクトの長さ、num_classes、num_node_features、num_edge_features といったインスタンス変数でアクセスすることができます。出力結果から、Cora データセットは一つのネットワーク（Data オブジェクト）から構成されること、ノードの特徴量は 1,433 次元のベクトルであることなどがわかります。

In

```
print(dataset)
print("ネットワークの数:",len(dataset))
print("ノードのクラス数:",dataset.num_classes)
```

＊5　https://pytorch-geometric.readthedocs.io/en/2.3.1/modules/datasets.html

＊6　Cora データセット（"Cora"）同様に、論文の引用ネットワークである CiteSeer データセット（"CiteSeer"）や PubMed データセット（"PubMed"）が指定可能です。

```
print("ノードの特徴量の次元数:",dataset.num_node_features)
print("エッジの特徴量の次元数:",dataset.num_edge_features)
```

Out

```
Cora()
ネットワークの数: 1
ノードのクラス数: 7
ノードの特徴量の次元数: 1433
エッジの特徴量の次元数: 0
```

Cora データセットから Data オブジェクトを取り出し、その概要を見てみましょう。ノードの特徴量行列の大きさや、エッジが 10,556 本あることなどがわかります。また、得られた Data オブジェクトには train_mask や val_mask、test_mask といったインスタンス変数が付与されており、それぞれ訓練用データ、検証用データ、予測対象データを作成してすぐに深層学習モデルの学習や評価に用いることができそうです。

In

```
G = dataset[0]
print(G)
```

Out

```
Data(
    x=[2708, 1433], edge_index=[2, 10556], y=[2708],
    train_mask=[2708], val_mask=[2708], test_mask=[2708]
)
```

NetworkX の Graph オブジェクトとの変換

GNN を適用する際は PyTorch Geometric の Data オブジェクト、探索的にネットワークの特徴を見たり加工する際は NetworkX の Graph オブジェクト、といったように、便利なデータ型に適宜変換する処理が必要になってきます。この相互変換を行うために、PyTorch Geometric では to_networkx() と from_networkx() がそれぞれ用意されています。

以下のコードでは、`to_networkx()` を使って PyTorch Geometric の `Data` オブジェクトを NetworkX の `Graph` オブジェクトに変換し、次数の要約統計量を算出しています。

In
```
import networkx as nx
import pandas as pd
from torch_geometric.utils import to_networkx

G = to_networkx(G, to_undirected=True)
degrees = [val for (node, val) in G.degree()]
display(
    pd.DataFrame(
        pd.Series(degrees).describe()
    ).transpose().round(2)
)
```

Out
```
count mean std min 25% 50% 75% max
2708.0 3.9 5.23 1.0 2.0 3.0 5.0 168.0
```

2.6 本章のまとめ

本章では、ネットワークデータの発見、観測、および構築とハンドリングについて解説しました。まず、ネットワークデータの発見においては、行動・状態、共起関係、移動・流れ、距離・類似度など、さまざまな観点からネットワーク構造を見出す方法を学びました。次に、ネットワークデータの取得においては、誘導サンプリング、エッジ誘導サンプリング、スターサンプリング、スノーボールサンプリング、リンクトレーシングといったサンプリング手法を取り上げ、その特徴、注意点について解説しました。最後に、ネットワークデータの表現と取り扱いについて、NetworkX と PyTorch Geometric という二つの主要な Python ライブラリを用いた方法を学びました。これらの知識とスキルは、次章以降で紹介する具体的なネットワーク分析技術をさまざまなデータに適用するうえで重要な基盤となるでしょう。

3章

ネットワークの性質を知る

本章では、前章の内容を通じて手に入れたネットワークデータが、具体的にどのような特徴をもつのかを把握するために、さまざまなアイデアに基づく指標や量を導入します。ここで紹介する概念や量の多くは、単純な考え方に基づくものですが、いずれも「ネットワークの特定の側面について知りたい」という動機をストレートに表現しているといえます。それぞれの指標や概念の背後にある「どのような性質を測ろうとしているのか」というアイデアを理解することで、新たな分析手法の着想が得られるかもしれません。最初に、ネットワークにおけるノードの特性を測る指標をいくつか紹介し、続いてエッジに着目した指標、さらにネットワーク全体の特徴を捉える指標へと進みます。発展的な機械学習アルゴリズムについては第 5 章、第 6 章で、さまざまな応用事例については第 7 章で紹介します。

3.1 どのようなノードか

はじめに、ノードがネットワークの中でどのような性質をもつかを定量化する指標をいくつか見ていきます。ノード単位の特徴をうまく捉えることで、ネットワークの構造や働き方を部分的に理解したり、特定のノードを効率よく探し出したりできるようになります。

3.1.1 どのぐらい中心的な役割を果たしているか

ノードに関する特徴の中でも、特に「ネットワークの中でノードがどれくらい中心的な役割を果たしているか」の程度を記述しようとする**中心性指標（centrality measure）**が盛んに開発されてきました。中心的なノードを特定できれば、SNSの中で誰が効率よく情報を発信できるか、どの研究が分野全体の発展に最も寄与しているかといった課題にアプローチするうえで役に立ちそうです。ここでは代表的な中心性指標として次数中心性、固有ベクトル中心性、ページランクを紹介します。それぞれの指標は、「このような指標をもつノードは重要なはずだ」というアイデアをシンプルに設計に反映しているため、直観的な理解もしやすいです。

次数中心性

次数中心性（degree centrality）は、「多くのつながりをもったノードほど中心的な役割を果たしているだろう」というアイデアに基づいた中心性指標です。具体的には、あるノードに接続されているエッジの数を数え上げることで求まるため、最も単純な中心性といえます。第1章で導入した隣接行列 $\boldsymbol{A}$ を用いて書くと、ノード i の次数（中心性）d_i は式(3.1)によって与えられます。

$$d_i = \sum_j A_{i,j}. \tag{3.1}$$

ネットワークが有向である場合、ノードへ「入ってくる」エッジの数（**入次数, in-degree**）と、「出ていく」エッジの数（**出次数, out-degree**）が異なります。$A_{i,j} = 1$ なら i から j へ向かうエッジが張られていることを、$A_{j,i} = 1$ なら i に j からエッジが張られていることを意味します。したがって、ノード i の入次

数 d_i^{in} と出次数 d_i^{out} は、式 (3.2) のように添え字を反転して合計を計算することでそれぞれ求められます。

$$d_i^{\mathrm{in}} = \sum_j A_{j,i},\ d_i^{\mathrm{out}} = \sum_j A_{i,j}. \tag{3.2}$$

さらに、エッジに重み付けがされているネットワークの場合には、その要素に 0 か 1 しかもたない隣接行列 $\boldsymbol{A}$ を、重み付き隣接行列 $\boldsymbol{W}$ で置き換えることにより次数中心性を定義することができます。このとき、次数中心性は「単純なエッジ数」ではなく、「そのノードに接続しているエッジの重みの合計」として計算されます。

次数中心性のアイデアで暗に仮定されていることは、「同じ重みのつながりは等しく重要である」ということです。これはつまり、接続されるノードの重要さは考慮されないことになり、「インフルエンサーにフォローされている」や「巨大企業と取引をしている」のようなつながりを重要視することはできません。しかし実際のところ、次数中心性はシンプルながら実用面で十分に通用するケースが多いことが、さまざまな研究で示されています。たとえば、次数中心性がより複雑な中心性と相関することを報告する研究 [29] や、影響力のある情報拡散者の識別といった特定のタスクにおいて、次数中心性がより複雑な中心性と比較して優れたパフォーマンスを発揮することを報告する研究 [52, 63] なども存在し、シンプルながらも非常に意味のある指標として機能することが知られています。

固有ベクトル中心性

固有ベクトル中心性（eigenvector centrality）[12] は、「重要なノードと接続されているノードもまた重要である」というアイデアに基づいた中心性です。前述した SNS 上のフォロワー数は多くないが、何人かのインフルエンサーからフォローされているユーザを考えてみましょう。そのユーザの投稿は直接多く見られることはありません。しかし、一度インフルエンサーがその投稿をシェアすると、爆発的に多くのユーザに届くことになります。このような機会をもつ点で、このユーザはその他のユーザよりも情報発信の影響力をもっているといえるでしょう。

ノード i の固有ベクトル中心性 $s_{\mathrm{eigen},i}$ は、式 (3.3) のような再帰的 (recursive) な計算によって定義されます。この式が「再帰的」であるのは、ノード i の中心性を、隣接するノードの中心性の総和によって求めているからです。すなわち、

「自分の重要度は、つながっている相手の重要度に依存している」という関係が、式の構造に直接表れています。

$$s_{\mathrm{eigen},i} = \sum_j A_{i,j} s_{\mathrm{eigen},j}. \tag{3.3}$$

式 (3.3) をベクトル・行列の形で書くと、以下の式 (3.4) のように表せます。

$$\boldsymbol{s}_{\mathrm{eigen}} = \lambda_0^{-1} \boldsymbol{A} \boldsymbol{s}_{\mathrm{eigen}}. \tag{3.4}$$

ここで、$\boldsymbol{s}_{\mathrm{eigen}}$ はすべてのノードの中心性を並べたベクトルです。この式が成り立つのは、隣接行列 $\boldsymbol{A}$ の最大固有値を λ_0 としたときに、$\boldsymbol{s}_{\mathrm{eigen}}$ がその固有値に対応する固有ベクトルとなる場合です [11]。いいかえれば、$\lambda_0 \boldsymbol{s}_{\mathrm{eigen}} = \boldsymbol{A}\boldsymbol{s}_{\mathrm{eigen}}$ を満たすベクトル $\boldsymbol{s}_{\mathrm{eigen}}$ を正規化して使うことで、再帰的な式 (3.3) との整合性がとれるようになっています。この「最大固有値」に対応する固有ベクトル（支配的固有ベクトル）がネットワークの固有ベクトル中心性を示す解となる点が、固有ベクトル中心性の数理的基盤です。

固有ベクトル中心性には、有向ネットワークに適用する際の注意点があります。たとえば、フォロー関係が一方向的な SNS を考えると、フォロワーが誰もいないユーザが存在しても不思議ではありません。このようなノードは、自分を指しているエッジが 1 本もないために入次数が 0 となり、式 (3.3) でいえば、そのノードの中心性は 0 にならざるを得ません。さらに、そのノードが他のノードへ与える貢献度も結果的に 0 となってしまいます。「入次数が 0 であるノードとつながっていること」を考慮したい場合は、他の中心性の利用を検討することになります。

この点を解消するために、Katz の中心性 [46] は、すべてのノードに最低限のスコア（初期値）を導入し、そこからさらに伝播させていくことを考えています。Katz の中心性は、式 (3.5) で定義されます。ここで、β はすべてのノードに等しく与えられる初期値です。

$$s_{\mathrm{katz},i} = \sum_j A_{i,j} s_{\mathrm{katz},j} + \beta. \tag{3.5}$$

ページランク

固有ベクトル中心性や Katz の中心性には、あらためて知っておくべき重要な特性があります。それは、高い中心性をもつノードが複数のノードと接続している場合、それらのノードすべてに等しく大きなスコアが伝播するという点です。この特性は、現実のネットワーク分析において適切とはいえない場合があります。

たとえば、インターネット上で中心性を考える際、巨大なプラットフォーム（YouTube や Amazon など）は多くの利用者をもち、影響力が大きいため、高い中心性をもつことが期待されます。この点では、現実の影響力を正確に反映しており、望ましい性質です。しかし、これらのプラットフォームは膨大な数の外部サイトへのリンクをもつことが一般的です。このような場合、「中心性の高いノードから外部サイトすべてに等しく大きなスコアが伝播」してしまうことで、「それほど重要でないサイト」にまで高い中心性スコアが割り当てられる可能性があります。その結果、分析結果が必ずしも適切とはいえなくなることがあります。

プラットフォームを訪れたユーザは、数多くのリンク（エッジ）の中から一つを選んでクリックし、新たなウェブページへと移動します。この状況を考慮すると、プラットフォームからリンクされている各ページへの中心性スコアの伝播は、そのリンク数に応じて分散されるべきであると考えるのが自然でしょう。

ページランク（PageRank）[15] は、まさにこの問題が顕著に現れる **WWW（World Wide Web）**[*1]において、「ウェブページをいかにランク付けするか」を目的に考案されました。ページランクは、インターネットを利用するユーザがランダムにネットサーフィンを行うとしたとき、より多くのユーザが滞在するノードをより重要とみなすようなアルゴリズムです。ページランクは、以下のような「ランダムサーフ（ランダムなネットサーフィン）」のモデルに基づきます。

- インターネット利用者は、いま見ているページ内のリンクをランダムに一つ選択してクリックする
- クリック先のページに移動したあとも、同じようにページ内のリンクをランダムにたどっていく
- ときどき、ページから離脱し、ランダムなウェブページへジャンプして新たにスタートする

＊1　WWW とは、インターネット上で提供されるハイパーテキストシステムであり、世界中に張り巡らされたウェブページ間のリンク構造を形成しています。

この「ページ内のリンクをランダムにクリックする」仕組みを導入すると、リンクがたくさんあるページほど、一つひとつのリンクへ流れる（伝播する）スコアが薄められることになります。たとえば、リンクが 100 個あるページであれば、どのリンクもクリックされる確率は 1 % ずつに減少するわけです。結果として、「多数の外部リンクがある巨大サイトからは、リンク先へ薄められたスコアしか渡らない」という、より現実的な評価が実現します。

ノード i のページランク中心性 (ページランクスコア) を $s_{\mathrm{PageRank},i}$ とすると、以下の式 (3.6) のような漸化式で表されることになります。ここで、$s_{\mathrm{PageRank},i}$ は任意のノード i のページランク中心性で、β はランダムなページにジャンプする確率です。

$$s_{\mathrm{PageRank},i} = \sum_j A_{i,j} \frac{s_{\mathrm{PageRank},j}}{d_j^{\mathrm{out}}}(1-\beta) + \frac{\beta}{N_V}. \tag{3.6}$$

前半の項 $(1-\beta)$ は、「ユーザが現在ページ内のリンクをたどる確率」であり、リンク数の多いページからは、リンク先へ $\frac{1}{d_j^{\mathrm{out}}}$ に応じて薄められたスコアが伝わります。後半の項 $\frac{\beta}{N_V}$ は、「ユーザがリンク先を選ばず、ランダムなページへ直接ジャンプする」動きをモデル化し、ウェブページ間のリンクだけをたどると到達できないページにもスコアが分配されるようにし、また、リンクが閉じた構造（たとえば、特定のグループのウェブページ間だけでリンクが張られているような場合）にスコアが偏ることを防ぐ役割を担っています。

ページランクは、ウェブページをランキングするために考案されたアルゴリズムですが、固有ベクトル中心性や Katz の中心性と似たような形をしていることからもわかるように、一般的なネットワーク分析においても活用することができます。たとえば SNS で「極端に多くのユーザをフォローしているユーザ」が存在する場合や、論文引用ネットワークで「大量の文献を引用している論文が存在する」場面などで役立つでしょう。

3.1.2　どのぐらい周りが密になっているか

ここまで、ネットワーク構造におけるノードに焦点をあて、「そのノードがどの程度中心的役割を果たしているか」を示す指標を紹介してきました。しかし、ノード周辺の構造まで考えると、ネットワーク全体の概観をより深く理解できる場合があります。本節では、ネットワークの概形をより鮮明に捉えるために、各ノードの近傍（周り）の構造を記述する指標を紹介します。たとえば、「コミュニティ」の形成状況を調べたい場合や、「あるノードの周りがクラスターのようにまとまっているかどうか」を把握したい場合などに有用です。

局所クラスター係数

あるノードに接続しているノードが複数あるとき、それらのノード同士もまた接続されていることはよくあります。たとえば、大学の友人関係や SNS などの社会ネットワークでは、友人同士もまた友人である、という関係がよく見られますし、これらの蓄積によって「コミュニティ」が構成されています。**局所クラスター係数（local cluster coefficients）**は、「注目するノードの周囲でエッジの接続がどのぐらい密になっているか」を表す指標です。

注目するノード i の次数が d_i であるとき、i に隣接するノード同士のペアは全部で $\frac{d_i(d_i-1)}{2}$ 通りあります。ノード i の局所クラスター係数 C_i は、そのうち実際にエッジが張られているペアの割合、すなわち、近傍ノード同士のペア総数のうち、実際に接続しているペアの比率として定義され、次式 (3.7) で表されます。ここで、$\mathcal{N}(v_i)$ はノード v_i の近傍ノードの集合とします。

$$C_i = \frac{2|\{e_{jk} : v_j, v_k \in \mathcal{N}(v_i), e_{jk} \in E\}|}{d_i(d_i-1)}. \tag{3.7}$$

前述の通り、局所クラスター係数 C_i は割合であるため、0 から 1 の値をとります。値が 1 に近いほどノード i の近傍では密にエッジが張られていること（局所的に完全グラフに近い）を示し、0 に近いほどノード i の近傍はまばらでありスター型（i を中心とし放射状に接続するネットワーク）に近いとわかります。なお、局所クラスター係数は「近傍同士のつながり」を測る指標ですが、あくまで個々のノードに対して定義される点に注意が必要です。すなわち、中心性指標などと同様に個々のノードの特徴を定量化する指標であるといえます。

3.1.3 中心性指標の正規化

ここまでみてきた中心性指標の大きさは、いずれもノードやエッジの総数に強く依存します。たとえば次数中心性の場合、ネットワーク内のノード数が増えるほど、一つのノードが多数のノードと接続して「ハブ」となる可能性が高まるため、得られる次数中心性の最大値も大きくなると考えられます。ここで注意したいのは、たとえば小規模のネットワークで得られた中心性指標と、大規模のネットワークで得られた中心性指標を比較することは難しいという点です。ネットワークの規模が異なると、同じ種類の中心性指標であっても数値の桁が大きく変わってしまい、単純比較は誤った解釈を招く可能性があります。

このような規模の違いによる影響を抑える（調整する）ための方法としては、大きく二つが考えられます。一つは、ノードのペアの総数が関係していると考えられる場合には、$\frac{N_V(N_V-1)}{2}$ で割ることが考えれます[*2]。もう一つは、最大値を 1 に、最小値を 0 に正規化するため、算出された中心性から式 (3.8) のように変換する方法です。

$$s_{\text{normalized},i} = \frac{s_i - \min_j(s_j)}{\max_j(s_j) - \min_j(s_j)}. \tag{3.8}$$

このような正規化を施すことで、ネットワークの規模が異なる場合でも、中心性指標を比較しやすくなります。たとえば、異なるサイズの複数のネットワークを比較したい場合や、ネットワーク構造の変化をモニタリングしたい場合などに有用です。

3.2 二つのノードはどのような関係にあるか

本節では、ネットワーク上の二つのノードを「ペア」として捉え、その組み合わせを評価する指標を紹介します。たとえば、SNS 上の A さんと B さんがどの程度友人関係になりやすいかを知りたい場合や、A さんから B さんへの情報伝達がどの程度起こりやすいかを知りたい場合など、ノードのペアに注目する場面は多岐にわたります。ここでは、その代表例として「最短経路長」と「ノード属性の類似性」という二つの指標を取り上げ、それぞれの特徴を見ていきます。

3.2.1 最短経路長

二つのノードについて、その「近さ」を考えたいときがあります。「近さ」はさまざまな視点で定義できますが、その一つの切り口が、ここで紹介する**最短経路**

＊2　有向ネットワークであれば $N_V(N_V-1)$ で割ります。また、ネットワークが複数のコンポーネント（連結成分）に分割でき、コンポーネント間にエッジが張られることはないと断言できる場合は、分けられた各コンポーネントを個別に分析する必要があります。

長（shortest path length）です。最短経路長は、その名の通り、ネットワーク内の二つのノード間の最短距離を測定する指標です。ネットワークが与えられたときに、任意のノード i から別のノード j に至るパスは、一つに定まらないことが多々あります。たとえば図 3.1 では、左のノードから右のノードへ、経路 1 をたどることもできますし、経路 2 をたどることもできます。このとき、経路 1 では直接つながっているため経路長は 1 になりますが、経路 2 では中継ノードが入る分、経路長は 2 になります。図 3.1 では最も単純な場合を考えていますが、ネットワークがもっと複雑になったとき、とりうる経路の数は膨大になります。そうした中で、特定の二つのノードがどれほど「近い」位置関係にあるかを考えたいとき、最短経路長が重要な指標となります。最短経路長に着目することで、情報伝達や影響の拡散がどれだけ速やかに行われるかなどを測ることが可能です。

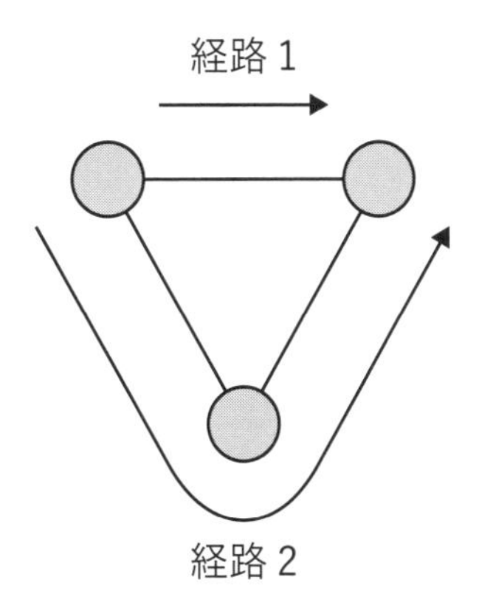

▪ 図 3.1: 単純な経路の例

また、その経路自体を知ることにも大きな価値があります。たとえば、ある組織内でのコミュニケーションを調べる際に「最短経路」上のノードを特定することは、情報伝達のボトルネックやハブを把握するうえで有用です。最短経路を探索するアルゴリズムは盛んに研究されてきており、最も知られるものにはたとえばダイクストラ法（Dijkstra's algorithm）[22] があります。

3.2.2　ノードの属性の類似性

SNSをはじめとする現実世界に存在するネットワークでは、しばしば「同じ属性をもつノード同士が接続する」という傾向が見られます。ここで「属性」とは、たとえばSNSユーザの趣味や年齢、または組織・所属先の種類など、ノードが保有する特性を指します。共通する属性があれば友人関係を結びやすい、というのは直感的にも理解しやすいでしょう。このように、類似しているノード同士が接続しやすい性質を**同類性（assortativity）**といいます（研究分野によっては**ホモフィリー（homophily）**と呼ばれることもあります）。逆に、異なる属性をもつノード同士が好んでつながる場面（たとえば、産業分野の異なる企業が協力関係を結ぶ場面など）もあるかもしれません。いずれにせよ、「二つのノードが同じ（あるいは似た）属性をもっているかどうか」を定量的に測ることは、ネットワーク分析において重要な観点です。

同類性についての尺度を導入するときは、「ノード同士がどの程度似ているか（異なるか）」を数値化し、それらがエッジの形成にどう影響するかを調べます。もし趣味のように離散的なカテゴリ情報を使う場合であれば、「一致していれば1、異なれば0」など単純な指標で定量化できます。一方、年齢のように連続的な変数であれば、二つの値の「差の絶対値」をとることで非類似度を測定できます。また、属性値が正の実数のみをとるときなどは、単なる差ではなく「比」や「対数差」によって類似度を測るほうがより妥当な場合もあります。たとえば価格や売上高といったスケールの大きい指標を扱うときは、そのままの値の差ではなく対数変換したうえで差をとると、極端に大きな値の影響を抑えられるメリットがあるでしょう。

3.2.3　最短経路長を用いた中心性

媒介中心性

これまで紹介した中心性指標は、いずれもノードが保有するつながりの数に基づいて「中心的度合い」を定義してきました。一方で、ネットワーク内の「経路」に着目し、要所となっているノードを捉えたい場合があります。たとえば、組織内での情報伝達を考えると、二つのコミュニティをつなぐ橋渡しとなる人物を特定したいかもしれませんし、感染症の経路を考えると、爆発的広がりのきっかけになりうる人物を特定したいかもしれません。ここで紹介する**媒介中心**

性（betweenness centrality）は、このような「経路や伝達を考えたときに、各ノードがどのぐらい要所になっているか」を測定する指標です。あるノードがネットワーク内の他のノード間の最短経路上にどれだけ現れるか、として式(3.9)で定義されます。ここで、$\sigma_{u,v}$ はノード u からノード v への最短経路の総数、$\sigma_{u,v}(i)$ はそのうちノード i を通る最短経路の総数です。

$$s_{\mathrm{betweenness},i} = \sum_{u \neq v \neq i} \frac{\sigma_{u,v}(i)}{\sigma_{u,v}}. \tag{3.9}$$

近接中心性

もう一つは、ネットワーク内の「位置的な中心さ」に注目した中心性指標です。複雑な構造をもつネットワークでは「真ん中」を考えるのは難しいですが、より真ん中に近い場所に位置しているノードは、「他のノードへの距離」が平均的に短くなると考えられます。**近接中心性（closeness centrality）**は、他のすべてのノードに対する最短経路長を用いて定義されます。いくつかのバリエーションがありますが、最も一般的なものは、他のすべてのノードへの最短経路長を平均し、その逆数をとったものとして式(3.10)のように表されます。ここで $d(i,j)$ は、ノード i,j 間の最短経路長です。

$$s_{\mathrm{closeness},i} = \frac{N_V - 1}{\sum_j d(i,j)}. \tag{3.10}$$

以上のように、ネットワーク内の二つのノードの「距離」や「属性の類似度」を見極めることは、単なるリンクの有無だけでは捉えきれない関係性を明らかにするうえで極めて重要です。これらの指標は、ノード単位の分析をさらに発展させて、ネットワーク全体の構造や伝播・拡散のダイナミクスを考察する際の一助にもなります。

3.3 どのようなネットワークか

さて、ここまでノードやノードのペアといったネットワークの局所的な部分に着目して、その特徴を測る指標を紹介してきました。ネットワークで興味の対象になりやすい概念の多くにはすでにふれたことになります。本節では、ネットワーク全体の性質をさまざまな角度から記述する指標を紹介しますが、その多くはここまで紹介したノードとノードのペアに関する指標を集計・まとめ上げたものです。

3.3.1　ネットワークの大きさ

これまではノードやノードのペアのような局所的な性質に着目しましたが、本節では、ネットワーク全体を見渡したときにはじめて把握できる「大きさ」を測ります。ネットワークの大きさ（size）は、最も基本的にはノードの数 $N_V = |V|$ で定義されます。

エッジの本数 $N_E = |E|$ も大きさではないのか、と思われるかもしれませんが、ネットワークで扱う主要な要素はノードであり、まずはノード数をネットワークの大きさとして捉えるのが一般的です。もちろん、エッジ数をあわせて見ることでネットワークの特徴をより詳しく把握できる場合もあります。

3.3.2　ネットワークの密度

エッジについては、その数ではなく、ノードの数に対する比率に着目した**密度（network density）**を参照するのがよいでしょう。というのも、一度ノードの数が決まってしまえば、考えうるエッジの数の最大値は決まってしまうからです（もちろん、エッジに重複やループを許さない場合に限ります）。見方を変えれば、ある大きさのネットワークがあったときに、エッジは密に張り巡らされているのか、それとも隙間が多く疎であるかを見て、その性質を解釈することが多いといえます。

さて、ネットワークの大きさ（ノードの数）を N_V で与えたとき、エッジの数の最大値は、$\frac{N_V(N_V-1)}{2}$ となります。この最大値に対して、実際にどのぐらいの数のエッジが張られているかを比によって算出し、ネットワークの密度が定義されます。

$$\frac{2|E|}{N_V(N_V-1)}. \tag{3.11}$$

なお、有向ネットワークの場合、考えうる最大のエッジ数は $N_V(N_V-1)$ となるため、密度は

$$\frac{|E|}{N_V(N_V-1)}, \tag{3.12}$$

と定義されることが多いです。

前述の局所クラスター係数は、注目するノードの近傍に対して局所的に密度を計算したものと捉えることができます。

3.3.3 中心性指標の分布

前節では、ノードの中心的度合いを測る中心性指標を紹介しました。ネットワーク全体の概形を知りたいときに、各ノードから計算された中心性がどのように分布しているかを測れば、ネットワーク全体の特徴を知る手段になりそうです。あらゆる中心性についての分布を考えることができますが、シンプルに**次数分布**（degree distribution）を扱うことが最も多いでしょう。分布を見ることで、たとえば「次数が 1（エッジを一つしかもたない）のノードがどのぐらい存在するか」「次数の非常に大きいノードはあるのか」といったネットワーク全体についての特徴を知ることができます。

図 3.2 のように、同じ大きさ・密度のネットワークが二つあるとします。これらのネットワークについて、一見してどのような印象を受けるでしょうか。

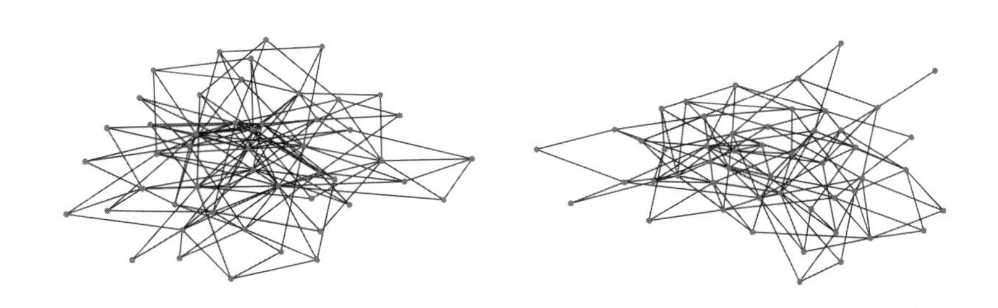

■ 図 3.2: 同じ大きさ・密度をもつ二つのネットワーク

実は、二つのネットワークの傾向は大きく異なります。それぞれの次数分布を図 3.3 に示しました。左のネットワークではほとんどのノードの次数が小さいのに対し、右のネットワークでは、次数が 5 ～ 9 のあたりに多くのノードが分布していることがわかると思います。また、左のネットワークでは、次数が 15 のノードが二つ存在するなど、ごく一部のノードが多くのエッジを占有していることなどもわかります。

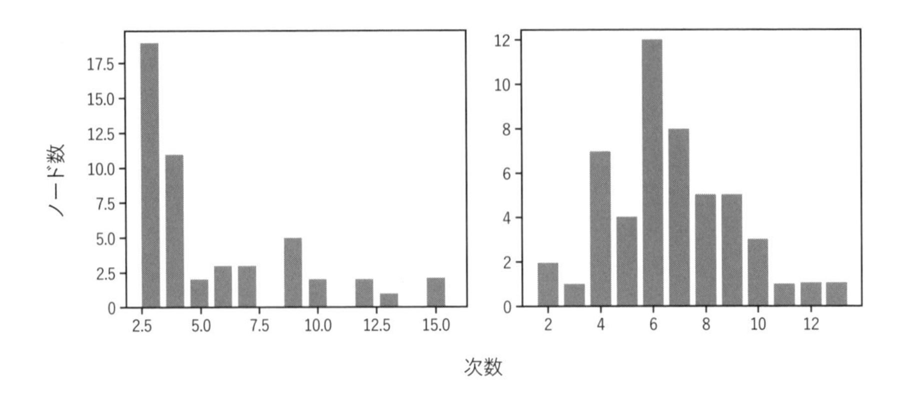

■図 3.3: 同じ大きさ・密度をもつ二つのネットワークの次数分布

この例は解説のため作為的に作成したネットワークですが、実はSNSのような現実のネットワークの多くは、図の左のような傾向をもっています。このように、多くのノードの次数は小さい一方で、ごく少数のノードが多くのつながりを占有し、ハブのように機能しているネットワークを**スケールフリーネットワーク（scale-free network）**といい、多くの分析が行われてきました。この概念は特に「複雑ネットワーク」分野で扱われることが多く、こちらは7.5節で簡単に説明し、その応用例を紹介します。

3.3.4　大域的クラスター係数

前節では、あるノードの近傍がどの程度密に接続されているかを表す尺度として局所クラスター係数を紹介しました。この観点をネットワーク全体に対して測ろうとする**大域的クラスター係数（global clustering coefficient）**があります。大域的クラスター係数は、局所クラスター係数をすべてのノードについて平均するだけではありません。というのも、局所的クラスター係数を平均するだけでは、小さい次数をもつノードが支配的になってしまうためです。

大域的クラスター係数は、以下のようにして算出します。

- あるノードが、他の二つのノードとつながっているような部分グラフ（三つのノードからなる経路）をすべて抽出する

- 抽出された部分グラフのうち、閉路を形成しているものの割合（三角形の割合）を計算する

大域的クラスター係数が大きければ、ネットワーク内の一部で複数のノードが密接につながっていて、局所的なコミュニティが形成されていることを示唆します。

3.3.5 直径・平均距離

直径（diameter）は、ネットワーク内で最も離れた二つのノード間の最短距離を示す指標で、任意の 2 ノードの最短距離の最大値として定義されます。ノードの数などとともに、ネットワーク全体の大きさや概形を測るのに用いられるほか、情報伝播や感染経路などを考えたときに、端から端までの伝わりやすさを示す一つの目安となります。ただし、最短距離が算出できないノードのペアがあるとき、つまりネットワーク全体が連結していなければ算出できないことに注意が必要です。

直径と同様に「端から端までの距離」に興味があるときには、最短経路長の最大値ではなく、平均値をとる平均距離を算出することも有効です。というのも、ネットワークのある部分だけが細長くなっているときには、直径はその部分に大きく引っ張られてしまいます。ネットワークが大きくなってくると、このような傾向をネットワーク図からでは読み取りにくくなってしまうため、平均距離と直径をあわせて算出しておくことで、分析するネットワークへの理解をより深めることができます。

3.3.6 同類性係数・次数相関

3.2.2 節で、同じような属性をもつノード同士が互いに接続しやすい傾向、すなわち同類性を紹介しました。ネットワーク全体でこの傾向を定量化するために、**同類性係数（assortativity coefficient）**[77] が提案されています。

同類性係数 r は次式で定義されます。式で見ると複雑そうに見えますが、これは任意のノード v のもつ指標 $f(v)$ についてのピアソン積率相関になっています。そのため、r は相関係数と同様 -1 から 1 の値をとります。正であれば着目

する指標 $f(v)$ が近いノード同士がより接続しており、負であれば近いノード同士はより接続していないというそれぞれの傾向を示します。

$$r = \frac{\sum_{(i,j)\in E}(f(i)-\bar{f_1})(f(j)-\bar{f_2})}{\sqrt{\sum_{(i,j)\in E}(f(i)-\bar{f_1})^2}\sqrt{\sum_{(i,j)\in E}(f(j)-\bar{f_2})^2}},$$

$$\bar{f_1} = \frac{\sum_{(i,j)\in E} f(i)}{|E|}, \qquad \bar{f_2} = \frac{\sum_{(i,j)\in E} f(j)}{|E|}.$$

同類性係数は、特にノードの次数に焦点を当てた場合に**次数相関（degree assortativity coefficient）**と呼ばれます。

3.4 NetworkXを用いてネットワークの特徴を知る

本章では、ここまでネットワークデータの特徴を伺い知るための概念や指標を紹介してきました。本節では、第 2 章でも使用した「論文の引用ネットワークのデータセット」を例に、Python を用いて実際にデータから指標を算出し、ネットワークの特徴を読み取ります。第 2 章では、文献の引用・被引用データセットとして知られる Planetoid [112] のうち、機械学習分野のデータセット Cora を使用しましたが、ここでは PubMed を題材にします。PubMed は、生命科学や生物医学に関する文献を幅広く収録したデータベースです。Planetoid は、PyTorch Geometric に含まれているものを使用します。

3.4.1 分析の準備

まず分析に必要なライブラリをインストールし、読み込みます。

In
```
# 必要なライブラリのインストール
!pip install networkx
!pip install torch_geometric

# 必要なライブラリのインポート
import networkx as nx
```

```
from torch_geometric.loader import DataLoader
from torch_geometric.datasets import Planetoid
from torch_geometric.utils.convert import (
    to_networkx,
    from_networkx,
)

# データハンドリングや可視化に必要なライブラリの読み込み
import pandas as pd
import matplotlib.pyplot as plt
import numpy as np
```

続いて、分析するネットワークデータを読み込みましょう。PyTorch Geometric の `to_networkx()` は PyTorch Geometric の `Data` オブジェクトから、NetworkX の `Graph` オブジェクトへと変換する関数で、以降の章でも多用します。本来であれば論文や文献の引用は方向をもちますが、ここでは簡単のため、引数に `to_undirected=True` を設定し、無向ネットワークに変換しています。

In

```
dataset = Planetoid(root="./dataset", name="PubMed")
G = to_networkx(dataset.data, to_undirected=True)
```

3.4.2 ネットワーク全体の概形を見る

はじめてふれるネットワークデータについて、「全体的にどのような構造をもっているか」という概形を把握することで、後続の解析の見通しを立てやすくなります。たとえば、ノード数やエッジ数、ネットワークの密度、あるいは最短経路の最も長いもの（直径）などがわかれば、データの規模感や、密につながっているか、疎な構造をしているかといった概形を掴むことができます。こうした基本的な指標を確認する方法を紹介します。

NetworkX には豊富な関数が用意されており、データを NetworkX の `Graph` オブジェクトとして読み込んでおくと、主な指標はメソッド一つで算出できます。以下の例では、ノード数、エッジ数、密度、直径といった指標を計算しています。

In

```
# |V|
print("ノードの数（ネットワークの大きさ）: ", G.number_of_nodes())

# |E|
print("エッジの数: ", G.number_of_edges())

# 密度
print("ネットワークの密度: ", nx.density(G))
# 愚直に算出する場合
print(
    "ネットワークの密度: ",
    (
        G.number_of_edges()*2
        / (
            G.number_of_nodes()
            * (G.number_of_nodes()-1)
        )
    )
)

# 直径
# すべてのノード間で最短経路を算出するため時間がかかる
print("ネットワークの直径: ", nx.diameter(G))
```

Out

```
ノードの数（ネットワークの大きさ）: 19717
エッジの数: 44324
ネットワークの密度: 0.00022803908825811382
ネットワークの密度: 0.00022803908825811382
ネットワークの直径: 18
```

ノードの数やエッジの数はシンプルに集計されていますが、約2万の文献で構成される引用ネットワークであることや、4万以上の引用・被引用の関係が含まれていることがわかります。さらに、その密度は0.0002程度と、非常に疎になっていることがわかります。また、前節で解説したようにネットワークの直径は、あらゆるノード間の最短経路長の最大値として定義されるのでした。これは分析対象のネットワークの端から端までは、最も長いところで最大 18 であるということです。

直径を計算するには、ネットワーク全体の最短経路を網羅的に求める必要があるため、非常に大規模なネットワークでは計算コストが高くなることに注意が必要です。さらに、ネットワークが複数のコンポーネントに分かれている場合、直径を定義できない（または最大のコンポーネントに限定したネットワーク上でのみ定義する）ケースもあります。NetworkX には、ネットワークが連結しているかどうかを判定する `is_connected()`、連結成分の数を求める `number_connected_components()`、連結成分ごとのノード集合を取得する `connected_components()` といった関数が用意されています。

以下のコード例では、まずこれらの関数を使ってネットワークの連結性を調べ、そのうえで最大連結成分（largest connected component）に含まれるノードのみを抽出しています。ネットワーク全体が連結しているため、ネットワーク全体の大きさと最大連結成分の大きさは等しく 19,717 となっています。

In

```
# 連結しているかどうかかどうかの判別
print("連結しているか: ", nx.is_connected(G))

# 連結成分の数の算出
print("連結成分の数: ", nx.number_connected_components(G))

# 各連結成分を構成するノード集合
components = nx.connected_components(G)
# 最大連結成分のノード集合を取得
nodes_largest_component = max(components, key=len)
# 最大連結成分を部分グラフとして取得
subg = G.subgraph(nodes_largest_component).copy()

print("最大連結成分の大きさ: ", len(subg))
```

Out

```
連結しているか: True
連結成分の数: 1
最大連結成分の大きさ: 19717
```

3.4.3 個々のノードについての特徴を計算する

ネットワーク全体の大きさや密度を把握し、連結成分の数が 1 である（ネットワーク全体が一つの塊になっている）ことを確認したところで、個々のノードの特徴を算出していきましょう。たとえば、最も基本的な指標である次数中心性の平均値、中央値、最大値などの統計量を調べておくと、ネットワーク内でのノードのばらつき具合や極端に中心性の高い（ハブとなる）ノードの有無を確認できるでしょう。そのほか、前節までに紹介した媒介中心性や近接中心性、局所クラスター係数などを計算すれば、「どのノードがネットワーク全体の経路を支えているか」「どの程度周囲が密につながっているか」など、より多面的な特徴を捉えられます。

In

```
# 次数中心性
degree_c = G.degree()
print(degree_c)
```

Out

```
[(0, 5), (1, 3), (2, 3), (3, 1), ...]
```

結果はタプルになっているため、その後の分析をスムーズにするには辞書やリスト、pandas ライブラリの DataFrame オブジェクトの形で保持しておくと便利です。以下では、タプル形式の次数中心性を他のデータ形式に変換する例を示します。このようにデータ形式を変更しておくことで、対象のノードの値のみを抽出したり、絞り込んで集計したりすることが便利になります。

In

```
# 辞書形式への変換
dict_degree = dict(degree_c)
print(dict_degree)

# リスト形式への変換
list_degree = list(dict_degree.values())
print(list_degree)

# DataFrame オブジェクトの形に整理
import pandas as pd
df_degree = pd.DataFrame(
    list(degree_c),
    columns=["node_id", "degree"],
)
print(df_degree.head())
```

Out

```
{0:5, 1:3, 2:3, 3:1, 4:1,...}

[5, 3, 3, 1, 1,...]

node_id degree
0 0 5
1 1 3
2 2 3
3 3 1
4 4 1
```

ここまでの結果から、インデックスが 0 の文献は五つの他の文献と引用・被引用の関係で繋がっていることや、続く 1, 2, 3, 4 の文献では接続の数がそれぞれ 3, 3, 1, 1 と、さらにそれより少なくなっていることがわかりました。

次数中心性と同様に、本章で紹介した他の中心性や局所クラスター係数に関しても、計算のための関数が用意されています。近接中心性や媒介中心性の計算では、多くの最短経路やその長さを求めるため、(ダイクストラ法や後続の良いアルゴリズムが開発されているとはいえ）ネットワークが大きい場合は時間がかかることに注意が必要です。

In

```
# 固有ベクトル中心性
eigen_c = nx.eigenvector_centrality(G)

# 近接中心性
# 時間がかかる
closeness_c = nx.closeness_centrality(G)

# 媒介中心性
# 時間がかかる
betweenness_c = nx.betweenness_centrality(G)

# ページランク
pagerank_c = nx.pagerank(G, alpha=0.85)

# 局所クラスター係数
local_clustering = nx.clustering(G)
```

指定した二つのノードの間の最短経路やその長さ自体は、nx.shortest_path()より簡単に求められます。ただし、最短経路は複数存在することがありえるため、そのすべてを列挙したい場合は nx.all_shortest_paths() を用います。文献0から文献1までの最短経路を求めてみましょう。

In

```
# ダイクストラ法により最短経路を求める
print(
    nx.shortest_path(G, source=0, target=1, method="dijkstra")
)
# すべての最短経路
print(
    [
        path
        for path in nx.all_shortest_paths(
```

```
            G,
            source=0,
            target=1,
        )
    ]
)
```

Out

```
[0, 1544, 2110, 7780, 5966, 2943, 1]


[[0, 1544, 2110, 7780, 5966, 2943, 1],
[0, 6092, 7191, 15864, 13705, 8359, 1],
[0, 6092, 16772, 11449, 10051, 8359, 1],
[0, 14442, 8372, 6039, 10487, 8359, 1]]
```

この場合は、0 → 1544 → 2110 → 7780 → 5966 → 2943 → 1 という長さ 6 の引用の最短経路が存在することや、同じ長さをもつ経路が他に三つ存在することがわかります。

さて、さまざまな中心性指標について算出できたところで、これらの値を列にもつ DataFrame オブジェクトを作成し、その記述統計を見てみましょう。DataFrame.describe() により、変数の記述統計を取得することができます。

In

```
df_centrality = pd.DataFrame(
    {
        "degree": list_degree,
        "eigen": dict(eigen_c).values(),
        "betweenness": dict(betweenness_c).values(),
        "pagerank": dict(pagerank_c).values(),
        "local_clustering": dict(local_clustering).values(),
    }
)
print(df_centrality.describe().round(3))
```

Out
```
degree eigen pagerank betweenness local_clustering
count 19717.000 19717.000 19717.000 19717.000 19717.000
mean 4.496 0.001 0.000 0.000 0.060
std 7.431 0.007 0.000 0.002 0.182
min 1.000 0.000 0.000 0.000 0.000
25% 1.000 0.000 0.000 0.000 0.000
50% 2.000 0.000 0.000 0.000 0.000
75% 4.000 0.000 0.000 0.000 0.000
max 171.000 0.172 0.002 0.143 1.000
```

いずれの中心性指標でも平均値（mean）と中央値（50%）がかなり乖離しており、標準偏差（std）も比較的大きいことから、一部の限られたノードが大きな中心性を獲得していることがわかります。たとえば次数中心性に着目してみると、その中央値は 2.000 であり、半数以上の文献が引用・被引用の関係を（データセットの中では）二つしかもっていないことがわかります。一方で平均値は 4.496 と第 3 四分位点の 4.000 よりも大きく、最大値は 171.000 です。あくまでもこの PubMed データセットの中では、ごく一部の文献が他のたくさんの文献と引用・被引用の関係をもっていることがわかりました。

たとえばある分野の調査を行っているとき、単に（有向ネットワークにおける入次数に相当する）被引用数だけでなく他の中心性指標にも着目していくことで、有用な文献をさらに発掘していくことができるかもしれません。

続いて、これらの相関係数を算出してみましょう。DataFrame.corr() を利用して、ピアソン相関係数行列を計算します。

In
```
print(df_centrality.corr().round(2))
```

Out
```
    degree  eigen  pagerank  betweenness  local_clustering
degree          1.00  0.51  0.93  0.60  0.04
eigen           0.51  1.00  0.27  0.10  0.04
pagerank        0.93  0.27  1.00  0.62  0.00
```

```
betweenness       0.60  0.10  0.62  1.00 -0.02
local_clustering 0.04  0.04  0.00 -0.02  1.00
```

出力より、次数中心性とページランクは非常に強く相関しているほか、いくつかの中心性同士が中程度の相関をもっていることがわかります。このように、次数中心性を起点として改良が試みられてきた「つながりの多さ」に着想が置かれた中心性は、それぞれ相関をもっていることが多いです。

3.4.4 ネットワーク全体を見渡し傾向を知る

ここまで、ネットワーク全体の概形や、個々のノードについての特徴を見てきました。ここからは、これらを利用したり集約したりすることで求まる、ネットワーク全体についての傾向を見ていきましょう。算出した中心性指標の分布や、その相関についてみていきます。

まずは、前項で算出した次数中心性を取り上げ、その分布を見てみます。分布の可視化には、Matplotlib ライブラリを利用します。

In

```
degree_sequence = sorted(
    (d for n, d in G.degree()),
    reverse=True,
)
plt.bar(*np.unique(degree_sequence, return_counts=True))
plt.xlabel("degree")
plt.ylabel("counts")
plt.show()
```

Out

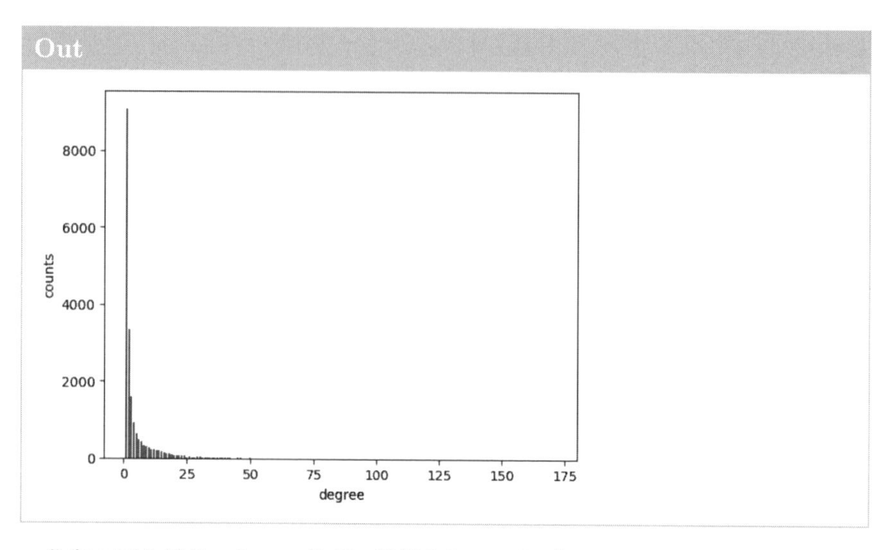

分布の形を見ることで、前項で推察されていた「ほとんどのノードに接続するエッジは少ない一方で、ごく一部のノードが多くのエッジを占有している」状況をより詳細に確認することができました。ただし、このままでは次数が 0 付近の度数や、大きい次数をもつノードの数を把握しにくいため、さらに両対数グラフを描いて確認してみます。ここでは、Matplotlib の scatter() を用いて、散布図として次数の対数、度数の対数をそれぞれプロットします。

In

```
degree_sequence = sorted(
    (d for n, d in G.degree()),
    reverse=True,
)
plt.scatter(*np.unique(degree_sequence, return_counts=True))
plt.xlabel("degree")
plt.ylabel("counts")
plt.xscale("log")
plt.yscale("log")
```

Out

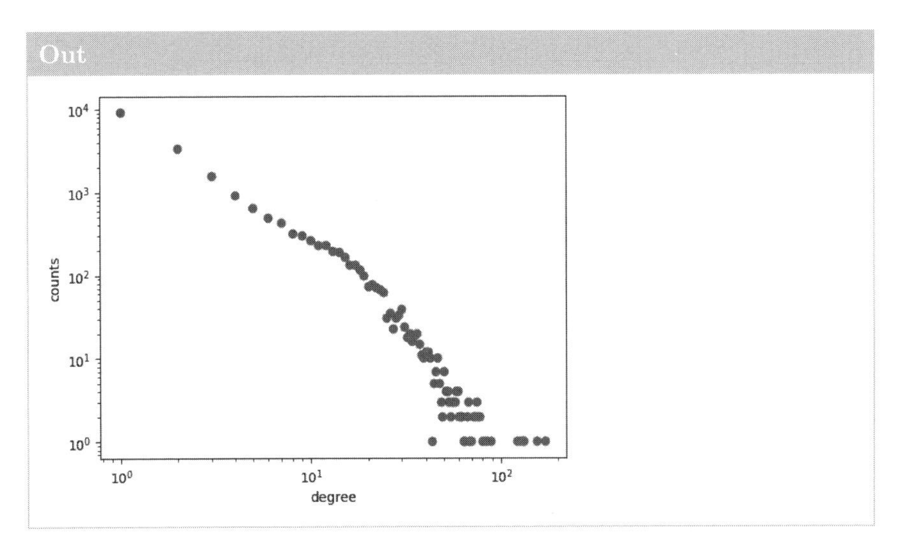

図より、100以上の次数（引用・被引用関係）を有する文献が少なくとも四つ存在していそうです。さらに、次数が1から20程度まではほぼ直線で度数が減少しており、さらにその先では直線の傾きが変わっていそうなことがわかります。いずれの範囲でも、より多くの次数をもつ文献は指数関数的に減少していることがわかりますが、減少は20を超えるとより早くなり、さらに多くの引用・関係をもつのは困難になるとわかりました。

最後に、どのようなノード同士が接続している傾向にあるのか、その同類性を見てみることにします。ただし、ここで扱うネットワークにはノードの属性が付与されていないため、次数の同類性を見ることにします。これは、同じような次数をもつノード同士がつながっているかを表す、次数相関を測ることと同じです。ノードがもつ属性（attribute）について同類性を算出する場合は、その属性が連続値の場合は`nx.numeric_assortativity_coefficient(G, "ATTRIBUTE_NAME")`と、属性がカテゴリの場合は`nx.attribute_assortativity_coefficient(G, "ATTRIBUTE_NAME")`とすることで算出できます（`"ATTRIBUTE_NAME"`には任意の属性名が入ります）。

In

```
print("次数相関: ", nx.degree_pearson_correlation_coefficient(G))
```

Out

```
次数相関: -0.04364031570334542
```

このネットワークでは次数相関は −0.044 程度と非常に小さく、次数の大きいノード同士がつながりやすい・つながりにくいといった傾向はほぼなさそうです。

最後に、大域的クラスター係数について算出してみましょう。大域的クラスター係数は、nx.transitivity() で算出することができます。

In

```
print("大域的クラスター係数: ", nx.transitivity(G))
```

Out

```
0.0537076280274887
```

3.5 本章のまとめ

本章では、手持ちのネットワークデータについて、基本的な特徴を理解するための概念や算出方法を紹介しました。これら指標の一つひとつを覚えておく必要はありませんが、そのアイデアや考え方を知っておけば、ネットワークデータの理解を深める切り口になります。第5章や第6章では機械学習技術を、第7章ではその応用事例を紹介していきますが、そこでは本章で紹介した考え方が多分に活かされています。また、本章の指標を明示的に特徴量として追加することも有用でしょう。本書を読み進める中で、ネットワーク構造についての性質や各種指標の定義を思い出したいときには、必要に応じて本章に立ち返って復習するとよいでしょう。

4章

ネットワークの機械学習タスク

本章では、ネットワーク分析における機械学習の適用範囲を整理し、実際の課題に合ったアプローチを選択できるようになることを目指します。まずは、ネットワークデータに対してどのような機械学習タスクが考えられるのかを俯瞰します。そのうえで、次章以降で扱うノード埋め込みやグラフニューラルネットワーク（GNN）などの技術が、各タスクにおいて具体的にどのような役割を果たすのかを明らかにし、ネットワーク分析全体の理解を深めていきます。こうした整理を経ることで、流行している技術をただ導入するだけではなく、「なぜその手法が適切なのか」を踏まえて分析に臨むことができるでしょう。

4.1 ネットワークを対象とした機械学習タスクの整理

ひとえにネットワークの分析や機械学習といっても、解きたい課題のバリエーションは多岐にわたります。たとえばドメインをSNSに絞ったとしても、適切な広告を打つためにユーザの職業が知りたい、という課題もあれば、まだつながりの数が少ないユーザに別のユーザをおすすめしたい、という課題も考えられるでしょう。

本章は、第5章や第6章で紹介する個々の技術の使いどころを整理するための「架け橋」として位置づけています。目の前の課題に対してどのようなアプローチを選択すればよいのか、その道筋を明らかにすることがねらいです。そのために、まずは多岐にわたるネットワーク分析のアプローチを、以下の二つの軸で整理してみましょう。

- 着目する要素：ネットワークの中のどの要素に着目するのか。ノード、エッジ、ネットワーク全体など
- 選択する分析・機械学習手法：教師あり学習（分類・回帰）や教師なし学習（クラスタリング・次元削減）など

一つめの軸である「着目する要素」としては、ネットワークの主体であるノード、つながりを表すエッジ、そしてネットワーク全体（あるいはその一部）という三つが挙げられます。もう一つの軸では、上述のように分類問題や回帰問題、クラスタリング、次元削減など、多様な機械学習手法・分析手法が考えられます。

SNSの例に戻ると、ユーザの職業や年齢を推定し、適切な広告を打ちたいと考える場合は、ノード（ユーザ）に着目した教師あり学習を行うアプローチが有効でしょう。たとえば職業を推定したい場合、職業ラベルの分類体系がはっきり定義され、一定の正解データが存在するなら、教師あり学習のフレームワークで分類問題を設定できます。一方で、分類体系がなく正解データもない場合は、教師なし学習、特にクラスタリング手法を検討するかもしれません。たとえば、ネットワーク構造やプロフィールのテキスト情報をもとにユーザを低次元のベクトルで表現し、そこからクラスタリングすることで、ユーザ群を自動的にいくつかのグループに分類するといった方法が考えられます。この場合、作成した低次元ベ

クトルや得られたグループが、職業や年齢をはじめとしたユーザの属性をある程度反映していることを期待するわけです。

このように、「着目する要素」と「選択する分析・機械学習手法」という二つの軸を意識しておくと、第5章や第6章で紹介する手法の使いどころが自然と見通しやすくなります。まずは広く俯瞰するために、この二つの軸でとりうる候補を列挙し、それらの組み合わせを考えてみます。一方の軸は「ノード・エッジ・ネットワーク（全体／部分）」、もう一方の軸は「教師あり学習（分類、回帰）・教師なし学習（クラスタリング、次元削減）」といった代表的な分析手法という整理です*1。この二つの軸を交差させたものを図4.1に示します。まだ空欄の状態ですが、各セルでの機械学習タスクの内容や、それを適用できる課題について考えてみてください。

着目する対象

対象に何がしたいか	ノード	エッジ	ネットワーク全体
教師あり学習 ・分類問題 ・回帰問題	??	??	??
教師なし学習 ・クラスタリング ・次元削減	??	??	??

■図4.1: 着目する要素 × 選択する分析・機械学習手法（空欄）

各セルには「ノードの属性を分類する」「ネットワーク単位のクラスタリングを行う」など、さまざまな組み合わせが考えられます。中には「そのような分析が有効なのだろうか」と疑問に思う組み合わせがあるかもしれませんが、抽象的な視点で柔軟に発想を広げてみることは、より適切なアプローチを選び取る練習にもなります。

さて、筆者が作成した例を図4.2に示しました。本書で特に焦点を当てるタスクは黒字で示しており、それ以外はグレーで示しています。たとえば「エッジ」×「分類問題」の組み合わせでは、エッジの有無をカテゴリとして予測するタス

＊1 強化学習や生成モデルなど、さらに多様な枠組みも存在しますが、本書では適用例の多い枠組みに焦点を当てます。

クが挙げられます。これはSNSでの将来のつながりや潜在的なつながりを予測・推薦する場合などで役立つでしょう。さらに、同じエッジの分類でも、付随する属性や方向などを分類するタスクも考えることができます。

一方、「ノード」×「クラスタリング」では、ネットワーク構造やノード属性をもとに、複数のクラスタへノードを分割するアプローチが考えられます。将来のつながりを予測したい場合も、エッジを直接分類するだけでなく、ノードの配置やクラスタリング結果を利用して間接的につながりを推定する手法も考えられます。たとえば「空間的に近いノード同士はエッジをもちやすい」といった仮定を置くことが考えられます。

機械学習タスク		着目する対象：ノード	着目する対象：エッジ	着目する対象：ネットワーク全体
教師あり学習	分類問題	・ノードの属性の分類	・エッジの属性の分類 ・エッジの有無の予測 ・エッジの方向の予測	ネットワーク全体の属性の分類
教師あり学習	回帰問題	・ノードに関連する数値（1次元）の予測	・接続の強度の予測	ネットワーク全体に関連する数値（1次元）の予測
教師なし学習	クラスタリング	・位置や性質の似たノードをグループ化	・類似したエッジのグループ化	似た構造や性質をもつネットワークのグループ化
教師なし学習	次元削減	・ノードの特徴ベクトルの次元削減 ・ノードの相対的な位置関係の圧縮	・エッジの特徴ベクトルの次元削減	ネットワーク全体構造の圧縮

▪図 4.2: 着目する要素 × 選択する分析・機械学習手法（例）

図 4.2 の右下に示したグレー文字の箇所については、技術的には多様な研究や応用事例が存在するものの、本書ではスコープ外として扱いません。比較的利用シーンが多く、近年の技術開発が進んでいる組み合わせ（黒字部分）に絞って解説を行います。

このようにネットワーク分析・機械学習で「何ができるか」を体系的に整理しておくと、いざ特定の課題やデータを前にしたときに、どのようなアプローチを選べるかをスムーズに考えられるはずです。それでは、「ノード」×「教師あり学習」からはじめ、ネットワークの機械学習がどのように問題設定されるかをみていきましょう。

4.2 ノードを対象とした機械学習タスク

本節では、SNSであれば各ユーザ、WWWであれば各ウェブページなど、ノードに興味がある場合の機械学習タスクを考えます。ノードに関して明確な正解データがあり、分類や回帰を行う教師あり学習と、データに基づいてグルーピングや次元削減を行いたい教師なし学習の二つについて考えていきます。

4.2.1 ノードの教師あり学習

教師あり学習 (supervised learning) とは、特徴量 $\boldsymbol{X}$ と目的変数 Y から、両者の関係性を表す関数 $Y = f(\boldsymbol{X})$ を自動で獲得する機械学習の枠組みです。$\boldsymbol{X}, Y$ の大きさ n の標本である $\{\boldsymbol{x}_i, y_i | i = 1, 2, \ldots, n\}$ を学習アルゴリズムに与え、獲得した $\hat{f}(\boldsymbol{X})$ をもとに、値が未知な別の標本に対して $\hat{y} = \hat{f}(\boldsymbol{x})$ を計算することが目標になります。一般的な教師あり学習に取り組む際に手元にあるデータは、以下のような表データの形をとっていることが多いでしょう。

	特徴量 x_1		目的変数 y
1	$x_{1,\ 1}$		y_1
2	$x_{1,\ 2}$		y_2
…	…	…	…
n	$x_{1,\ n}$		y_n

▪ 図 4.3: テーブルデータの教師あり学習

本節では、ネットワーク構造の中でもノードに興味があり、そのノードに目的変数 y が付属する教師あり学習を考えていきます。このときに前提となるのは、一部のノードについて正解データをもっていることです。一方で、正解がまったく得られていない、または非常に少ない場合は、教師あり学習の適用は困難になり、この後で説明する教師なし学習 (unsupervised learning) などを検討することになるでしょう。

教師あり学習には分類問題と回帰問題がありますが、両者の相違点は「目的変数が離散的か連続的か」であり、基本的なアプローチはほぼ同様です*2。また、分類問題のなかにも二値分類、多クラス分類、多ラベル分類などいくつかバリエーションがありますが、ここでは簡単のため二値分類に絞って考えます。

それではまず、ノードの二値分類を例に、どのような出力が得られるかを見てみましょう。**ノード分類（node classification）**は、ノードの特徴と正解ラベルを用いて学習したモデルを使い、未知のノードに対してラベルを割り当てることを目的とするタスクです。図 4.4 にそのイメージを示しました。左図で「？」が記述されている二つのノードが、右図では白と黒に分類されており、これが最終的な出力（予測結果）となります。

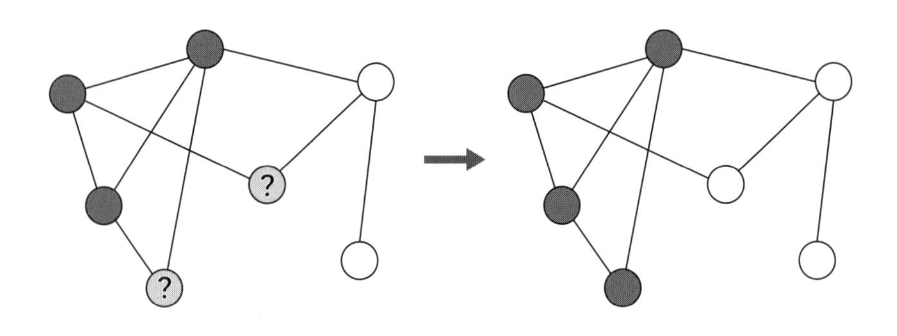

▪図 4.4: ノード分類のイメージ

続いて、ノード分類の入力を考えます。一般的なテーブルデータの機械学習では、目的変数と関連すると想定される変数が入力となります（これらの変数は特徴量や説明変数、独立変数などと呼ばれることもあります）。これに加えて、ネットワークデータではネットワーク構造がもつ情報を入力に利用することが重要になってきます。たとえば、ノードの次数、近傍ノードの正解ラベルなどが目的変数を予測するうえで有用となる可能性があります。

ネットワーク構造を利用するうえで、その複雑さに応じてとりうるアプローチを以下の三つに分けて考えます。

＊2　もちろん、評価指標や適用する損失関数は異なりますが、「既知の正解データをもとに未知データの出力を予測する」という枠組みは同じです。

1. ネットワーク構造から手動で特徴量を作り、(もしあれば) その他の特徴量と同時に入力にする
2. ネットワーク構造から、教師なし学習を用いて自動的に特徴量を獲得し、(もしあれば) その他の特徴量と同時に入力にする
3. ネットワーク構造と他の特徴、目的変数を同時に入力とし、最終的に目的変数を予測する枠組みで一貫して学習する

1. の「ネットワーク構造から手動で特徴量を作る」アプローチでは、第3章で紹介したようなノードについての統計量をいわば手作業で算出し、既存の表データの枠組みへと取り込む方法です。単純なアプローチですが、ネットワーク構造を加味した特徴量を追加で作り出すことにより、他の特徴量にはない観点の入力をアルゴリズムに与えることができ、より良い性能を引き出せる可能性があります。また、得られた特徴量は、そのまま表データに加えることができるため、ロジスティック回帰や勾配ブースティング決定木、深層学習などの一般的な機械学習アルゴリズムを容易に適用できます。つまり、ネットワーク構造から追加の特徴量を設計(特徴量エンジニアリング)し、既存の表形式の変数群に「列を増やす」要領で組み合わせるだけでよいのです。一方で、分析者の想定や知識を超えた潜在的な特徴量を見つけ出すことにはつながりません。

2. の「教師なし学習を用いる」アプローチは、ネットワーク構造を踏まえた特徴量をアルゴリズムで機械的に獲得する方法です。ネットワークを表す隣接行列などは、次元が非常に大きい高次元データとみなすこともできますが、そこから比較的低次元のベクトルを得る枠組みは、解きたいタスクに有効な表現を学習することから**表現学習 (representation learning)** と呼ばれます。また、こうして得られた特徴量のベクトル(特徴ベクトル)は分散表現と呼ばれます。

具体的には、第5章で扱うノード埋め込み (node embedding) のアルゴリズムが代表的で、ネットワークの構造を考慮して各ノードに対応する低次元ベクトルを自動的に学習します。こうして得られるベクトルは、分析者が想定しなかった構造的特徴を捉えている場合もあり、1. の手動設計とは異なる新たな特徴量の獲得が期待されます。また、得られた分散表現は、他のテーブルデータ由来の特徴量と組み合わせて、任意の分類モデルや回帰モデルに入力できます。また、1. のアプローチで作った特徴量と併用すると、一層の性能向上につながる場合もあります。

3. の「ネットワーク構造と特徴量から一貫して学習する」アプローチは、1. と 2. で述べたような「ネットワーク構造から有用な特徴量を抽出する過程」と、「目的変数を予測する教師あり学習の過程」を一体化する手法です。つまり、ネットワーク構造からの特徴量抽出と、クラス分類（または回帰）という 2 段階のプロセスを、まとめて最適化するアプローチです。

2. の例で得られる特徴ベクトルは、あくまで「ネットワーク構造だけ」に基づいて作られた表現であり、それが必ずしも目的変数の説明や予測に最適とは限りません。そこで、はじめから「ノードの正解ラベルをよく予測できる」表現を獲得するような学習を行えば、2. よりも目的変数によく当てはまるようになると考えられます。

第 6 章で取り上げる グラフニューラルネットワーク（GNN）は、まさにこの発想に基づいてネットワーク（グラフ）構造とノード属性を同時に扱う深層学習モデルです。GNN ではネットワーク構造を加味する深層学習を通じて、ノードを表す特徴ベクトルを更新し、最終的にラベルの予測精度が高くなるようパラメータを学習します。結果として、中間層で学習される特徴ベクトルが、目的変数を説明するうえで有用な特徴量として機能するわけです。

こうした三つのアプローチを比較すると、1. は実装しやすく一般的な機械学習パイプラインに素直に組み込みやすい反面、分析者が想定していない特徴量を学習するのは困難です。2. はネットワーク構造を自動的に取り込む点で有力ですが、目的変数への最適化が直接行われるわけではありません。3. は最も柔軟かつ高性能が期待できる半面、アルゴリズム自体がやや複雑で、学習コストも高くなりがちです。

どのアプローチを採用するかは、利用できるデータや計算機の性能のほか、分析者が手法の扱いに慣れているか、試行錯誤を高速に回せるかなどをもとに柔軟に考えるのがよいでしょう。シンプルな 1. のアプローチからはじめ、ネットワーク構造に由来する特徴量が有用であるとわかったら、より複雑なアプローチを試みるのも一つの手です。

4.2.2　ノードの教師なし学習：クラスタリング

教師なし学習の代表的なタスクの一つに、**クラスタリング**があります。ノードを対象にしたクラスタリングでは、正解ラベルが与えられない状況下で、似たノードをグルーピングすることが目的です。一般的なクラスタリングと同様に、明確な分類基準は事前に決まっておらず、与えられたデータから自動的にグループを見つけ出します。また、ノードに付属する特徴量がなく、ネットワーク構造のみからクラスタリングを行う場合もこのタスクに含まれることになります。図4.5 にイメージを示しました。

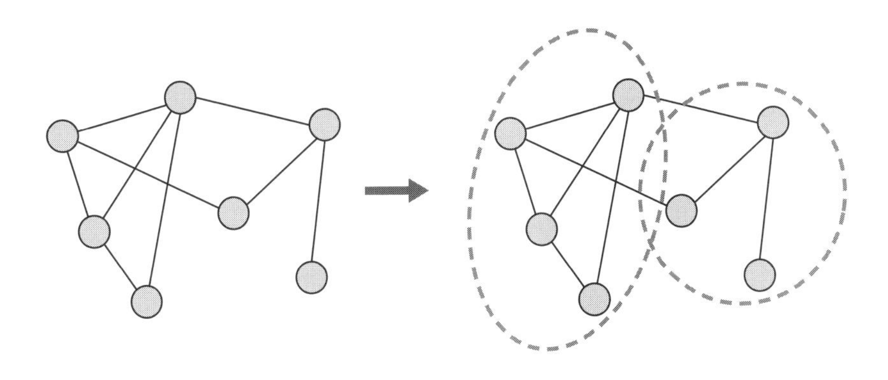

■ 図 4.5: ノードのクラスタリングのイメージ

ノードをクラスタリングするうえで、ネットワーク構造を手掛かりとしてコミュニティ（密につながっているノードの集合）を発見するタスクは、従来より**コミュニティ検出（community detection）**や**グラフ分割（graph partition）**と呼ばれ、盛んに研究されてきました。その代表的なアルゴリズムの一つにルーバン（Louvain）法 [10] があります。ここで詳細にはふれませんが、ルーバン法はネットワークを複数のコミュニティに分割した際の「品質」を**モジュラリティ（modularity）**という指標で測り、それを最大化するようにノードのコミュニティへの割り当てを反復的に更新します[*3]。そのプロセスは、まず各ノードを独自のコミュニティに割り当てる初期化から始まります。ノードを現在所属しているコミュニティから除き、隣接しているコミュニティに移動したと仮定した場合のモジュラリティの変化を計算します。このノードの移動は、モジュラリティが向上する場合にのみ受け入れられ、モジュラリティが最も大きくなる候補のコミュニティに、そのノードを実際に移動させます。ノードの移動が収束すると、同じコミュニティに属するノードを統合して新しいネットワークを構築し、再び

＊3　モジュラリティは、コミュニティ間のエッジが相対的に少なく、コミュニティ内部でエッジが密になっているほど高くなる指標です。通常、−1 から 1 の範囲をとり、値が高いほど「良好な」分割であると判断されます。

同様のプロセスを繰り返します。この反復は、モジュラリティが最大化されるまで続き、最終的にはコミュニティ内のノードが密に結合し、結果としてコミュニティ間のエッジが少なくなるような構造が形成されます。

ルーバン法は非常に高速なアルゴリズムであり、計算量はノードの数 N に対し $\mathcal{O}(N \log N)$ です。NetworkX でも、`nx.community.louvain_communities()` で簡単に実行できます[*4]。ただし、アルゴリズムの初期化などによって結果が変わる可能性があり、必ずしもグローバルな最適解を見つけられるわけではありません。乱数生成の元となるランダムシードを固定して再現性を確保するなどの工夫や、異なるランダムシードで複数回実施し、最もモジュラリティが高くなる結果を採用することが推奨されます。

では、ノードに特徴量が付属する場合はどうでしょうか。たとえば、SNS においてユーザグループを推薦したい場合、単にフォロー関係といったネットワークの構造情報だけでなく、ユーザのプロフィールや嗜好といった特徴量も考慮してグルーピングを行うことが有効です。これにより、より精度の高いコミュニティ抽出やグループ推薦を行うことができるかもしれません。

第 5 章で取り扱うノード埋め込みは、ノードの近傍情報（たとえば 1 歩先、2 歩先の隣接関係など）を捉えることでネットワーク内のノードを低次元空間にマッピングする技術です。これにユーザプロフィールやテキスト情報に由来する、ほかの特徴ベクトルを結合すれば、「ネットワーク構造 + ノード固有の属性」を合わせたベクトルとして扱うことが可能です。あとは k-平均法（k-means）のような一般的なクラスタリング手法に入力すれば、両方の情報を考慮したグルーピングが期待できます。ただし、結合したベクトル同士で成分のスケールやベクトルの次元数が大きく異なると、ある要素だけが過剰に影響するおそれがあるため、正規化やスケーリングに注意を払う必要があります。

さらに、第 6 章で扱う GNN では、ネットワーク構造とノードの特徴量を同時に入力として扱うことができます。学習されたモデルの中間層の出力は、ネットワーク全体の構造とノードの個別の特徴量を統合したものとなり、これを用いることでも、構造と特徴量を同時に考慮したクラスタリングを行うことができます。このとき得られた中間層の出力は、あくまで正解ラベルの予測にとって有用なものが得られていることに注意が必要です。

---

*4 `https://networkx.org/documentation/stable/reference/algorithms/generated/networkx.algorithms.community.louvain.louvain_communities.html`

4.2.3 ノードの教師なし学習：次元削減

もう一つの主な教師なし学習のタスクとして、次元削減（dimension reduction）が挙げられます。次元削減は、データに表れる特徴をできるだけ維持しながら、データの次元数をより小さくすることを目的としたタスクです。これにより、データの可視化や解析が容易になり、計算コストの削減や過学習の防止に役立つことがあります。特に、ネットワークデータの構造は隣接行列に代表されるように非常に疎であり、その次元は膨大になりうるため、その後の分析を容易にするためにはより少ない次元への圧縮が有効です。

まず、ネットワーク構造をもたない、表データの例を考えてみましょう。表データの次元削減に関しては、主成分分析（Principal Component Analysis；PCA）をはじめとする行列分解に基づいたアルゴリズムや、特に可視化と解釈を目的に行われる *t*-SNE [104]、UMAP [72] などの技術がよく知られています。その入力と出力のイメージを図 4.6 に示しました。分析対象の単位である行についてはその数 n を変えずに、特徴量を表す列の数を、図では 100 から 10 に変換し減らしています。

ノード	特徴量 1	…	特徴量 100
1			
2			
…		…	
n			

➡

ノード	特徴量 1	…	特徴量 10
1			
2			
…		…	
n			

■ 図 4.6: テーブルデータの次元削減のイメージ

続いて、ネットワークデータにおける次元削減を考えます。まずは、ネットワークの構造のみを次元削減する場合についてですが、前節で紹介したように、第 5 章で扱うノード埋め込みによって、より低次元のベクトルを得ることができます。要素が $0, 1$ で表されるスパースな隣接行列から、連続的でより低次元なベクトルが得られるため、ノード分類やクラスタリングといった後段のタスクに受け渡しやすくなります。そのイメージを図 4.7 に示しました。隣接行列やエッジリストなどで表すことのできるネットワークデータを、ノード数 $n \times$（圧縮後の特徴量の数）のデータ（図では 10）へと圧縮しています。

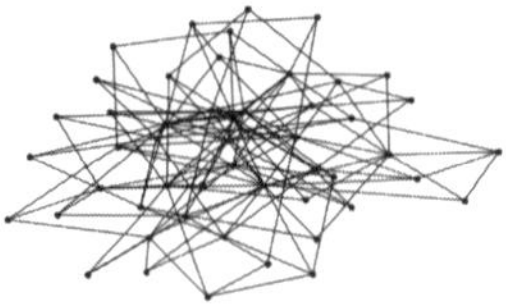

隣接行列

ノード	1	2	…	n
1	0			
2		0		
…			…	
n				0

特徴行列

ノード	特徴量1	…	特徴量10
1			
2			
…		…	
n			

▪図 4.7: ネットワークの次元削減のイメージ。ここでは例として、隣接行列を経由している。

続いて、ネットワーク構造に加えてノードの特徴量も入力となる場合を考えてみます。こちらも、クラスタリングの節で紹介したように、ノード埋め込みで得られた分散表現に特徴量を結合する方法や、ある正解ラベルを予測するように訓練された GNN の中間層の出力を得る方法が考えられます。図 4.8 は、このときの次元削減の入出力のイメージを表しています。

シグナル行列

ノード	特徴量1	…	特徴量100
1			
2			
…		…	
n			

隣接行列

ノード	1	2	…	n
1	0			
2		0		
…			…	
n				0

特徴行列

ノード	特徴量1	…	特徴量10
1			
2			
…		…	
n			

▪図 4.8: ノードが特徴量をもつネットワークの次元削減のイメージ

実は、何気なく使用しているネットワークの可視化アルゴリズムも、次元削減の一種として捉えることができます。ネットワーク可視化の際には、高次元の構造を 2 次元や 3 次元の空間にプロットしますが、これは次元を圧縮して視覚的に理解しやすい形に変換していることに他なりません。

図 4.7 左のネットワークは `networkx.draw()` を用いて作成したものですが、他にもさまざまなレイアウトで描画するメソッドが用意されています[*5]。デフォルトの `draw()` では `draw_spring()` でも用意されている Fruchterman-Reingold アルゴリズム [31] に基づくレイアウトが使用されます。

Fruchterman-Reingold アルゴリズムは、力学モデルに基づくレイアウトアルゴリズムで、ノード同士を反発させる力（斥力）と、エッジで接続されているノードを引き寄せる力（引力）を利用して、バランスのとれたレイアウトを作成します。バネのように、斥力はノード間の距離が近いほど強く働く一方で、接続されたノード間には遠いほど強い引力が働き、全体のノードを安定した位置に近づけます。NetworkX には、他にも円周上に配置する `draw_circular()` やランダムに配置する `draw_random()` などが用意されています。規模の大きくないネットワークを可視化する機会があれば、他のアルゴリズムも試してみるとよいでしょう。

4.3 エッジを対象とした教師あり学習

エッジを対象とした教師あり学習の中でも、リンク予測は頻繁に取り組まれるタスクの一つです。また、リンク予測以外にも、エッジの分類や重みの推定などのタスクが存在し、これらもエッジを対象にした教師あり学習の一部です。本節では、これらのタスクについて具体的に説明します。なお、エッジを対象とした教師「なし」学習については、本書では取り扱いません。

4.3.1 リンク予測

リンク予測（link prediction）は、ネットワーク上の二つのノード間にエッジが張られているかを推論するタスクです。ネットワーク上で一部のノードの間

*5 https://networkx.org/documentation/stable/reference/drawing.html#module-networkx.drawing.layout

でのみエッジが確認されており、残りのノードの間にエッジが本当に「ない」かを知りたい、将来エッジが張られるかを予測したいといった目的の下で行われます。このとき、まだエッジの確認されていないノード間で、潜在的なエッジの有無を推論することが求められます。

たとえば、Facebook などの SNS では、ユーザ同士の友人関係を確認できます。しかし、実際には知り合いであっても、アカウントを認識していないためにつながっていない場合があるでしょう。このとき、SNS のネットワークをもとに知り合いかどうかを推論できれば、潜在的な知り合いをはじめ、新たにフォローする可能性の高いユーザを推薦することができそうです。

また、このエッジの有無を予測する作業は、任意の二つのノード間についてエッジが「存在する」か「存在しない」かを出力するタスクとみなすことができます。つまり、二値分類の問題として自然にアプローチすることができるわけです。

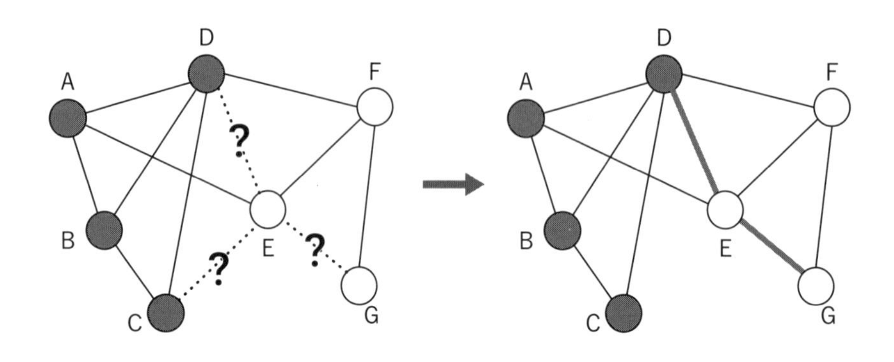

■ 図 4.9: リンク予測のイメージ

では、入力である正解ラベルと特徴量についてはどのようなものが考えられるでしょうか。ノードの分類と同じように、いくつかのアプローチを考えてみます。

1. すべてのノード間について手動で特徴量を作り、エッジの有無を目的変数とした学習を行う
2. ネットワーク構造から、教師なし学習を用い、ノード間の「潜在的な近さ」を特徴量とする

3. ネットワーク構造を入力し、エッジの有無との関係を一貫して学習する

アプローチ 1. の「手動で特徴量を作る」アプローチは、おそらく分析者が最も想像しやすいものです。たとえば、二つのノードがともにつながっている別のノードがあれば、その二つのノードもまた接続されている可能性が高くなるかもしれません。学校のクラスや、会社の部署などでは、こうした関係が散見されます。このアイデアに基づいて、二つのノードにともにつながっているノードを数え上げることで、特徴量を作成できます。また、二つのノード間のエッジが観測できていなくても、他のノードをたどったときの距離が短いほど、二つのノードの間の関係が強い可能性があります。第 3 章で扱った最短経路長を計算し特徴量とすることも、リンク予測に役立つかもしれません。さらに、二つのノードの次数の合計が多ければ、そのノード間にもエッジが存在する確率はナイーブに考えても高くなります。このように、どのようなノード同士がつながりやすいかを考えることで、さまざまな特徴量を作成できます。こうして作成した特徴量は、ノード分類と同様に、エッジの有無を正解ラベルとした、表データの機械学習モデルに利用することができます。

図 4.10 に示すように、二つのノードにそれぞれ付属する特徴量をそのまま入力することを思いついた読者もいるかもしれません。もしそのように特徴量を単純に組み合わせるなら、図 4.11 のように、ノードの順番を反転させたテーブルを結合することで、データの量を増やせることを知っておくとよいでしょう。

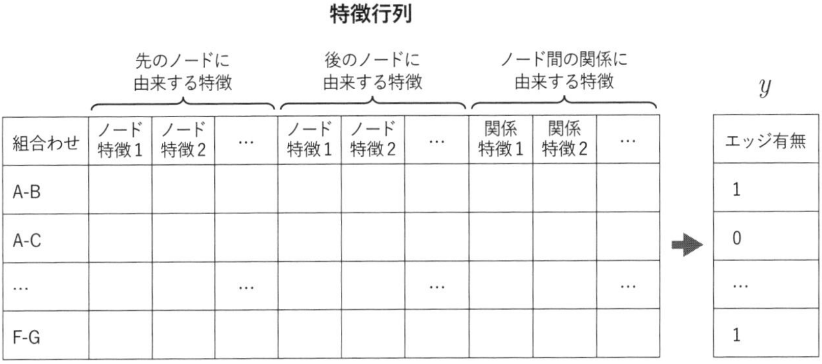

特徴行列

	先のノードに由来する特徴			後のノードに由来する特徴			ノード間の関係に由来する特徴				y
組合わせ	ノード特徴1	ノード特徴2	…	ノード特徴1	ノード特徴2	…	関係特徴1	関係特徴2	…		エッジ有無
A-B											1
A-C										➡	0
…			…			…			…		…
F-G											1

■ 図 4.10: リンク予測の特徴行列のイメージ

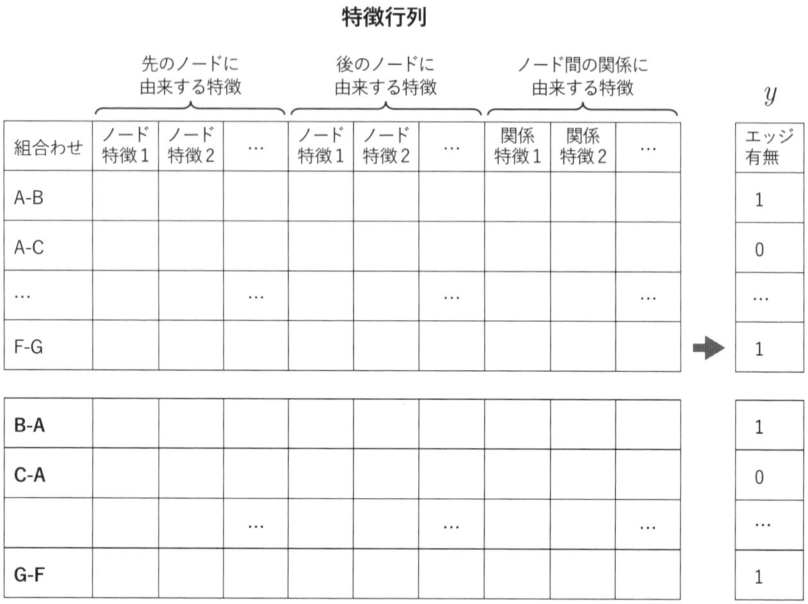

特徴行列

	先のノードに由来する特徴			後のノードに由来する特徴			ノード間の関係に由来する特徴			y
組合わせ	ノード特徴1	ノード特徴2	…	ノード特徴1	ノード特徴2	…	関係特徴1	関係特徴2	…	エッジ有無
A-B										1
A-C										0
…			…			…			…	…
F-G										1
B-A										1
C-A										0
			…			…			…	…
G-F										1

▪図 4.11: リンク予測の特徴行列のイメージ（ノードの順番を反転させデータを拡張した例）

さて、上記の特徴量エンジニアリングにおいて、二つのノードの「潜在的な近さ」とは何かを考えることが、分析者の役割と思われるのではないでしょうか。しかしながら、この「潜在的な近さ」をアルゴリズムで自動的に獲得するアプローチも有用であると考えることも自然です。これが2番目に挙げた、教師なし学習を用いるアプローチです。ノード分類と同じように、第5章で扱う表現学習の技術を用いると、ネットワーク構造からノードの相対的な位置を表す低次元のベクトルを得ることができます。ベクトル同士の距離（コサイン類似度やユークリッド距離など）を利用すれば、ネットワークの複雑な構造を加味した特徴量を自動で作ることができます。

ここまでくれば、ノード分類と同様に、入力であるネットワーク構造と出力である正解ラベルを同時に入力し、最適化したいという欲求も自然なものでしょう。ここでも、ノード分類と同様にGNNを用いることができます。同じGNN

でも、その構成次第でノード分類だけでなく、リンク予測も行うことができます。詳しくは、第6章とその実装例で紹介します。

4.3.2 リンク予測における負例の作成

リンク予測を教師あり学習で行う場合、正例（実際に観測されたエッジ）と負例（エッジが存在しないノードペア）を用意して学習を行います。ここで問題になるのが、「どうやって負例を作るか」という点です。

最も単純で広く用いられている手法は、ランダムに二つのノードを選び、そこにエッジが存在しない場合は負例とみなすというものです。多くの現実のネットワークは非常に疎で、ランダムにノードを抽出すれば高い確率で未接続のペアを得られるため、広く採用されています。また、実装が容易であることもメリットです。

ただし、大規模なネットワークでは、ランダム抽出によって「距離が遠く、つながる見込みが極めて低い」ノードペアばかりが負例となりうる点に注意が必要です。モデルにとって簡単すぎる負例ばかりを学習することで、より微妙なケースの分類を見分けにくくなる可能性があります。そこで、最短経路が短いノードペアや、正例と似通った特徴をもつノードペアをあえて負例として追加するという方法も考えられます。こうした判別が難しい負例（ハードネガティブ）を混ぜることで、モデルの汎化性能を高められる可能性があります。

また、ネットワークの未来を完全に把握できない以上、「実際にエッジが形成されるかもしれないペア」を負例とみなしてしまうリスクは常につきまといます。将来形成されるエッジを負例として学習・評価することで、モデルが将来的に形成されるペアのエッジを過小評価してしまうということです。したがって、常に偽の負例を含む可能性があることを理解したうえで、ハードネガティブの意図的な抽出に加えて、データの背景情報を活用して偽の負例を排除することも検討しましょう。

4.3.3 その他のエッジの教師あり学習

前節で扱ったリンク予測は、エッジの二値分類の特殊なケースとみなせるのでした。実際には、エッジを対象とした教師あり学習にはリンク予測以外にもさまざまなタスクが存在します。エッジの分類や回帰といっても、多くの場合、エッジが示す関係性を分類するタスクや、エッジの重み・強度などの連続値を予測するタスクであることがほとんどです。エッジの関係性を分類するタスクは、ノード周辺の特徴量やエッジの情報などを活用して、「友人関係」「同僚関係」などの種類を推定します。これは、知識グラフにおいてリレーションの種類を予測する問題にも応用できます。また、エッジの重み・強度などを予測する回帰タスクは、道路の交通量やユーザ間の親密度などの数値を見積もる際に有用であり、それぞれ幅広い応用が期待されます。

さらに、有向ネットワークを扱う場合には、エッジの方向を予測するタスクも考えられます。「どのノードからどのノードへエッジが張られるのか」を推定するだけでなく、ノード間の優劣関係や階層構造を分析したい場合に、エッジの方向予測を用います。代表例として、スポーツやゲームにおける勝敗予測があります。

一般的な勝敗予測では、過去の対戦成績から「強さ」の指標を算出するレーティングアルゴリズムや、表形式の機械学習を用いるのが一般的です。しかし、ネットワーク構造を考慮することで、より精度の高い予測が期待できます。たとえば、プレーヤ A がどの相手に勝ち、どの相手に負けているのか、さらにそれらの対戦相手同士の勝敗関係がどうなっているかという複雑な構造を捉えると、プレーヤ同士の相対的な強さや相性の良し悪しを、より正確に推定できる可能性があります。特に、対戦成績の少ないプレーヤ B がプレーヤ A よりも強いか弱いかは、ネットワーク上で両者の間の潜在的なエッジの方向を推定することで間接的に判断できるでしょう。

このように、エッジの方向予測は有向グラフの解析における主要なタスクであり、勝敗予測以外にも階層構造の抽出や影響力の評価など、多様な分野に応用可能です。たとえばSNS のフォロー関係や引用ネットワークを分析する際にも、エッジの方向からノード間の影響関係を捉えることができます。

総じて、エッジに関わるタスク（リンク予測、関係性の分類や回帰、方向予測など）では、共通して「ノードやエッジの特徴量」および「グラフ構造」の両方をどのように利用するかが重要になります。実際に、前節で扱ったリンク予測で用いた手法は、エッジの分類・回帰・方向予測といったタスクにも応用可能です。

4.4 ネットワーク構造を対象とした機械学習タスク

ここまでは、ネットワークを構成する要素であるノードやエッジを対象にしたタスクについて解説してきました。本節では、ネットワーク全体やその一部（部分グラフ）を対象としたタスクに焦点を当て、紹介していきます。図 4.12 にタスクのイメージを示しました。図のように、最終的な出力として、一つのネットワーク（またはその部分）に対して一つの値を出力することになります。

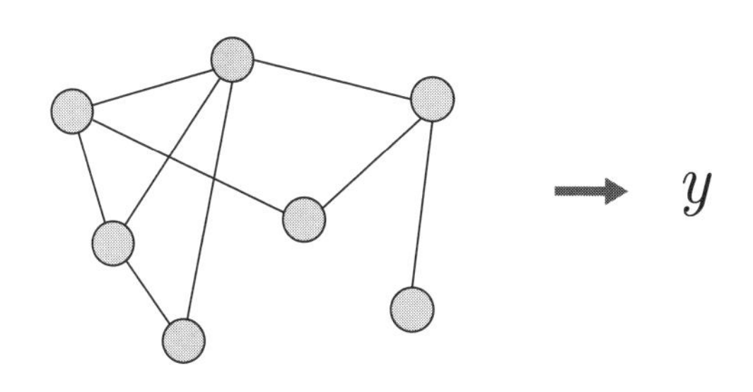

■ 図 4.12: ネットワーク単位の分類・回帰のイメージ

ネットワーク全体を対象とする具体的なタスクをイメージしにくい場合は、以下のような例を考えるとわかりやすいでしょう。

- ある分子の性質を予想する：
  分子を構成する原子をノード、原子間の結合をエッジとみなし、分子構造のパターンや特徴を抽出することで、毒性や溶解度、熱安定性など、新たな分子がもつ物理的・化学的性質を予測する
- サプライチェーンや金融市場全体の状態を解析する：
  ある時点のサプライチェーンや金融市場をネットワークとして捉え、それらの構造から市場のリスクなどを定量化する
- 組織の状態の推測：
  組織内のコミュニケーションや協力関係をネットワークで表現し、組織の健全性や効率性を評価する

これらの問題に取り組む際に、まずは「ネットワークの全体（または一部）を表す特徴量」をいかに取得するかが課題となります。ノード単位やエッジ単位の特徴量に加えてその構造を集約して、ネットワーク全体を表す指標に変換する必要があるからです。最も単純なアプローチとしては、特徴量や第3章で紹介した指標を集計することが考えられますが、第6章で扱うGNNでは、図4.13に示すようなグラフプーリング（graph pooling）というプロセスによってノードやエッジの特徴を統合します。

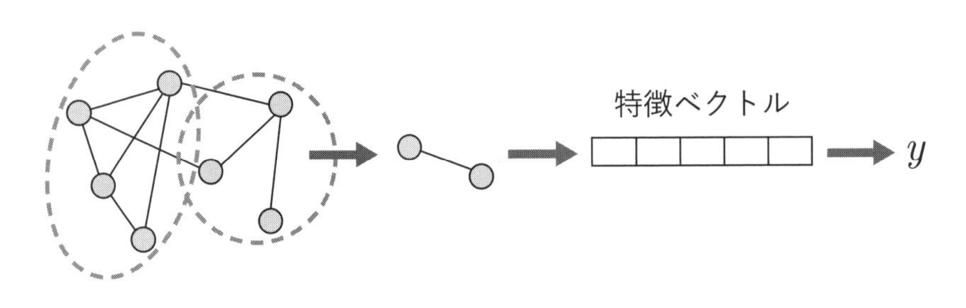

■図4.13: グラフプーリングのイメージ

グラフプーリングによって特徴量をまとめる方法に加えて、オートエンコーダを応用する方法も考えられます。本書では詳しく取り扱いませんが、このオートエンコーダをネットワークに適用したグラフオートエンコーダ（Graph Auto-Encoder；GAE）や変分GAE（Variational Graph Auto-Encoder；VGAE）などの技術も開発されています [49]。これらの手法では、ネットワーク構造を再構築する際の誤差をできるだけ小さくするように学習し、その結果としてネットワーク全体を効率よく表すための特徴ベクトルを得られます。こうして得られた特徴ベクトルは、その後の機械学習タスクで有効に活用できます。

ただし、GAEやVGAEを理解するためには、深層学習に関する基本的な知識が必要になります。本書では扱いませんので、関心がある方は他の書籍や参考文献を参照してみるとよいでしょう。

4.5 本章のまとめ

本章では、ネットワーク分析の個々の技術を抽象化し、ネットワークの中で「着目する要素」と、よく知られる「機械学習タスク」という二つの軸で整理してきました。あわせて、どのような情報を入力データとして用意し、どのような結果（アウトプット）を目指すのかを明らかにしました。これらを踏まえることで、いま目の前にある課題を解決するには、どんなデータを準備し、どのような成果を得たいのかが自然と見えてくるはずです。

続く第5章や第6章では本格的にネットワークデータを扱う機械学習技術を紹介していきますが、流行りの技術をただ使うだけでなく、なぜその技術を使うべきかを知ったうえで使うことが重要です。これらの章と本章を反復しながら考えを深めることで、課題にあったアプローチが自然と浮かび上がってくるでしょう。

また、第7章では、さまざまな分野におけるネットワーク分析の事例を紹介します。ここで学んだ2軸（「着目する要素」と「機械学習タスク」）、そして入力と出力を意識しつつ応用事例を読むことで、なぜこの分野の人はこの要素に注目しているのか、どのようなタスクを設定すれば実用的な成果を得られるのか、といった視点をより深く理解できるでしょう。これは、自分の領域やデータに置き換えるときにも応用できる思考プロセスであり、ネットワーク分析の知識を自分のものとして使いこなす第一歩となるはずです。

5章

ノード埋め込み

ノード埋め込み（node embedding）は、ネットワークデータの構造をより扱いやすくするための技術です。現実のネットワークの多くは高次元かつ疎であり、そのままデータ分析に活用することが難しい場合があります。そこで、ノードの相対的な位置関係をできるだけ維持したまま、低次元で密なベクトル空間に変換する（埋め込む）技術が活躍します。埋め込みによって、ネットワーク上のノードの特徴を保持しつつ、計算処理が容易な形に変換できるため、ノード分類、リンク予測、コミュニティ検出といった後段タスクでの効率化、あるいは性能向上につながる可能性があります。埋め込みによって得られるベクトルは、ノードのもつ特徴をベクトルの各次元に分散して表現することから、分散表現と呼ばれることもあります。また、このように、タスクそのものを解くのではなく、解きたいタスクに有用な特徴を学習する手法のことを、表現学習（representation learning）と呼びます。本章では、ノード埋め込みの技術にはどのようなものがあるか、またどのように利用されているかを見ていきます。また、後半では PyTorch Geometric を用いてノード埋め込みを実施し、後段のノード分類へとつなげる分析例についても紹介します。

5.1 表データを対象とした機械学習の復習

本書は「ネットワークの機械学習」というコンセプトをもって解説を進めてきましたが、そもそもネットワークデータ以外の機械学習ではどのようなデータに対してどのような操作をするのでしょうか。表データを例に解説します。

表データでは、分析や機械学習の対象を行を単位に表現し、この行をレコードと呼びます。表5.1に表データのイメージを示しました。このデータでは、一つのレコードが一つの商品を表現しており、ブランド、原産国、内容量、価格といった要素をもちます。表5.1に示すデータを用いて機械学習を行う例として、コーヒーの価格予測のようなタスクが考えられます。このタスクでは、価格以外の特徴量であるブランド、原産国と内容量をもとに、コーヒーの価格を予測することが目的となるでしょう。

▾表5.1: コーヒーの価格データ

ブランド	原産国	内容量	価格
ブランドA	コロンビア	200g	2,000円
ブランドA	ジャマイカ	200g	1,800円
ブランドB	コロンビア	200g	1,600円
ブランドB	ジャマイカ	100g	700円
ブランドB	インドネシア	400g	3,500円
⋮	⋮	⋮	⋮

この問題設定へのアプローチの一つに、ブランド、原産国、内容量を入力、価格を出力として、サポートベクター回帰や勾配ブースティングなどの代表的な機械学習アルゴリズムを用いて学習と推論を行うことが考えられます。前章でも復習しましたが、このアプローチでは $\hat{y} = \hat{f}(\boldsymbol{x})$ のような式を用いて予測を行うことになります。ただし、$\boldsymbol{x}$ をブランド、原産国、内容量をベクトルの形式で表現したもの、$\hat{y}$ を価格の予測値、$\hat{f}(\cdot)$ をアルゴリズムによる推論とします。

この形式の大きな特徴は、ある行の特徴から構成された $\boldsymbol{x}$ のみを入力として、同じ行の特徴 y を予測していることであり、言い換えれば、「各処理対象が別個に扱われている」ということです。このような行間の依存関係を考えなくてよい状況では、他の代表的な機械学習のアルゴリズムもそのまま適用できます。表データにおける機械学習の特徴は以下のように整理できます。

- 各処理対象が1行の特徴量で記述される
- 各処理対象に対する予測は、行間の依存関係を考えない

では、ネットワークに機械学習を適用するとどうでしょうか。図5.1に示すSNS上のネットワークを例にして考えてみましょう。ここでは、ネットワーク中の各ユーザの年齢を予測したいとします。このとき、予測に有用な特徴としては各ユーザのプロフィール文や投稿内容などが考えられますが、同年代のユーザ同士がSNSを通じて交流しやすいと想定すると、ユーザ間のつながりもまた予測に寄与する可能性があります。このように、ネットワークにおける機械学習では、各ノード（ユーザ）の特徴だけでなく、ノード同士のつながりも重要な特徴となりえます。

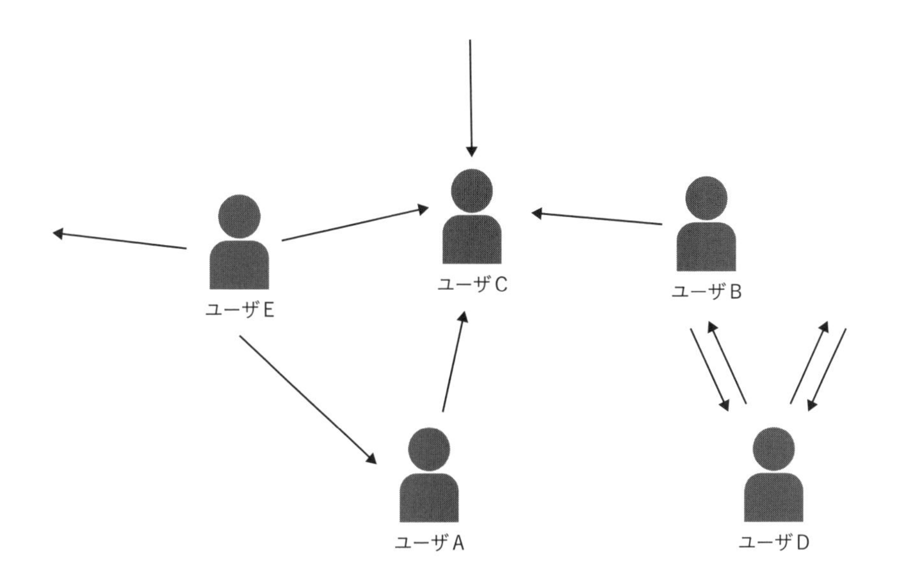

■図5.1: SNS上のネットワークの例（矢印の向きはフォローを表す）

一方で、ネットワーク内でのつながりを直接扱おうとすると、表データのように各ノードの特徴量を1行の固定長のベクトルで表すことは難しくなります。隣接行列の該当する行をそのまま取り出して特徴として使おうとしても、ネットワーク全体のノード数に依存して行の長さが非常に大きくなり、一般的な機械学習モデルをそのまま適用するのは現実的ではありません。そのため、ネットワークの構造から各ノードの「新たな特徴量」を抽出するアプローチがしばしば用いられます。たとえば、表5.1と同じような表形式を用いて、表5.2のように特徴1や特徴2を抽出するイメージです。本章で解説するノード埋め込みは、このような各ノードの特徴量を抽出するための代表的なアプローチの一つです。

▾表5.2: ノードの特徴を抽出し、表データに列を追加するイメージ

ユーザ (ノード)	特徴1	特徴2	年齢
ユーザA	10.2	20.9	20歳
ユーザB	−5.5	25.1	40歳
ユーザC	12.8	20.7	22歳
ユーザD	6.1	8.0	16歳
ユーザE	−4.0	16.8	38歳
⋮	⋮	⋮	⋮

表5.2で示されている特徴1や特徴2の値はネットワーク構造から得られたものであり、ユーザ間の関係性や類似性を暗に反映しています。したがって、各特徴で同じような値をもつユーザ同士は、ネットワーク内で似た関係性や類似性をもっている可能性が高いといえます。また、これらの特徴は、そのユーザの年齢や職業などの目的変数を予測するうえで、有用な情報となることが期待されます。

一度このような形式に変換してしまえば、機械学習モデルに入力する際に各ノードを別個に処理しても、特徴1や特徴2をもとに、元のネットワークに内在していたノードの関係性をある程度学習することが可能です。これにより、ネットワーク全体の複雑な依存関係を考慮しながらも、表データと同様に、ノードごとに独立して予測するシンプルな形式で機械学習モデルを利用できます。

5.2 単語埋め込み

ノード埋め込みについて理解を深めるうえで、切り離すことのできない概念が単語埋め込み（word embedding）です。これは、テキストデータ内の単語を低次元のベクトル（分散表現）に変換し、その潜在的な意味を数値的に扱えるようにする技術です。単語を表すベクトルは単語ベクトルと呼ばれますが、その学習過程では、各単語がどのような文脈で使われているかを表す文脈ベクトルも利用されます。ただし、文脈ベクトルはあくまで学習のために使われるものであり、最終的な出力として利用されるのは単語ベクトルです。

単語埋め込みの有用性を理解するには、自然言語処理の分野で単語を数値化して扱う方法がどのように発展してきたかを振り返るとイメージしやすいでしょう。本書では、ノード埋め込みとの関連性を中心に取り上げますが、自然言語処理そのものの歴史や詳細に関心がある方は、『自然言語処理〔三訂版〕』[121] などを参照すると、単語埋め込みの背景や発展の流れをより深く理解できるはずです。

5.2.1 記号としての単語の数値表現

単語を数値として表す最も単純な方法として、one-hot エンコーディングが挙げられます[*1]。図 5.2 に示すように、one-hot エンコーディングでは、扱いたい語彙数分の次元をもったベクトルを用意し、ベクトルの各次元に各単語を割り当てます。そして、ある単語に対応する次元だけを 1、他を 0 とすることでその単語を表現します。図 5.2 では、1 番目の次元が「私」という単語に対応していることがわかります。用意するベクトルは扱いたい単語の語彙数に依存し、もし 10,000 種類の単語を扱いたい場合は 10,000 次元のベクトルを作成します。語彙数は 10,000 を超えることも珍しくはなく、一般的に大きなベクトルが用いられます。

＊1　エンコーディング（encoding）とは、一般的に、情報やデータを別の形式やフォーマットに変換するプロセスを指します。特に機械学習においては、カテゴリカルデータ（文字やラベルなど）を数値に変換するためにエンコーディングが頻繁に使われます。one-hot エンコーディング以外の代表的なエンコーディング手法については、たとえば『Kaggle で勝つデータ分析の技術』[127] に詳しく説明されています。

単語		ベクトル
織田信長	=	(0, 1, 0, 0, 0, ..., 0)
テレビ	=	(0, 0, 0, 0, 1, ..., 0)
時代劇	=	(0, 0, 1, 0, 0, ..., 0)
私	=	(1, 0, 0, 0, 0, ..., 0)
豊臣秀吉	=	(0, 0, 0, 1, 0, ..., 0)
		語彙数分

■図 5.2: one-hot エンコーディングのイメージ

機械学習でこのようなベクトルを扱うときは、単語レベルの表現を文章や文書といった単位で集約する必要があります。例として、ニュース記事の本文から政治、スポーツ、芸能などのカテゴリを予測する問題を考えましょう。入力はニュース記事、出力はニュースのカテゴリです。

文書を数値化する際に、もっとも単純な方法として **Bag of Words（BoW）** がよく用いられます。BoW は、各文書に含まれる単語の出現回数を数え、その結果をベクトルで表現する手法です。たとえば、ニュース記事に「織田信長」や「豊臣秀吉」という単語が含まれていれば、その記事は教育・文化系のニュースとして分類されやすくなるでしょう。また、「時代劇」「テレビ」といった単語が多く出現すれば、芸能系のトピックとの関連をモデルが捉えやすくなると予想できます。このように、one-hot エンコーディングのアイデアをそのまま発展させた BoW は、単語の出現情報が直接反映されるという点で、かつては強力な数値表現として広く利用されてきました。

BoW をよりリッチな数値表現へと拡張した方法として、**tf-idf（term frequency - inverse document frequency）** があります。BoW が単語の出現回数をそのままベクトルとして表現するのに対し、tf-idf は各単語の「重要度」を数値化することで、より情報を含んだ表現を提供します。「重要度」は、頻繁に使われる単語の影響を抑え、特定の文書内で際立った単語により重みを与えることを目的に算出されます。

tf-idfの基本的な考え方は、**単語頻度**（**term frequency；tf**）と**逆文書頻度**（**inverse document frequency；idf**）を組み合わせることにあります。単語頻度は、その文書内で特定の単語が何回出現したかを測る指標であり、逆文書頻度はその単語が文書集合全体でどれだけ広く使われているかを測ります。逆文書頻度を計算する目的は、どの文書にも登場するような一般的な単語（「私」「そして」など）の重要度を下げ、特定の文書にのみ登場する特徴的な単語（「織田信長」「時代劇」など）に高い重みを与えることです。

tf-idfでは、単語の重要度を、単語頻度と逆文書頻度の積で定義します。図5.3にtf-idfのイメージを示します。

単語		ベクトル
織田信長	=	(0, 1.4, 0, 0, 0, ..., 0)
テレビ	=	(0, 0, 0, 0, 3.2, ..., 0)
時代劇	=	(0, 0, 4.5, 0, 0, ..., 0)
私	=	(0.1, 0, 0, 0, 0, ..., 0)
豊臣秀吉	=	(0, 0, 0, 2.5, 0, ..., 0)
		語彙数分

■ 図 5.3: tf-idf のイメージ

tf-idfなどによって単語をよりリッチに数値化できたとしても、依然として単語同士の「意味的な類似性」までは扱えないという問題があります。その一つが、各単語を「別個の記号」として取り扱っている点です。他の単語に依存しない情報処理を行うため、類似した意味をもつ単語同士がどのような関係にあるかをモデルが学習することはできません。

たとえば、教育・文化系のニュースに「織田信長」という単語が頻繁に含まれていた場合、機械学習モデルは「織田信長」を教育・文化カテゴリに関連付けて学習するでしょう。しかし、同じ戦国武将である「豊臣秀吉」を含むニュースも同様に教育・文化系のニュースであることが多く、「織田信長」と同時に出現しやすい傾向があったとしても、モデルはこの関連性を学習することはできません。

これは、tf-idf や BoW では「織田信長」と「豊臣秀吉」を完全に別々の単語として扱うためです。戦国武将は他にも多く存在することを考えると、それぞれの武将について十分な学習データを集めるのは現実的ではありません。

このような問題は、戦国武将に限らず、あらゆる単語の間で共通する課題です。扱うテキストの範囲を広げると問題はより深刻になり、モデルの精度にも影響が出る可能性があります。こうした課題を解決し、単語同士の「意味」や「関係性」をうまく数値化しようとするのが、次に解説する**単語埋め込み**の大きなモチベーションです。

5.2.2　意味を考慮した単語の数値表現

one-hot エンコーディングや tf-idf が、単語をその出現数に基づいて表現しているのに対し、単語埋め込みは単語の潜在的な「意味」や「文脈」をベクトルとして表現するという特徴をもちます。

単語		ベクトル
織田信長	=	(9, -2, ...,-3, ..., 9)
テレビ	=	(4, 9, ...,9, ..., 2)
時代劇	=	(7, 0, ...,2, ..., 3)
私	=	(-7, 9, ...,10, ..., 7)
豊臣秀吉	=	(9, -1, ...,1, ..., 9)
		数十〜数百次元

■ 図 5.4: 単語埋め込みのイメージ

図 5.4 では、単語埋め込みの一例として、ベクトルの各次元が明確な意味をもつようなベクトルを示しています[*2]。例では、最初の要素が「織田信長」や「豊臣秀吉」などで大きな値を示し、歴史に関連する単語を表す要素と解釈できるかも

＊2　実際には、各要素ごとに明確な意味があると解釈できることは稀ですが、特定の概念（たとえば「歴史への関連度」）はベクトル空間内の特定の方向や部分空間により表現されることを期待します。

しれません。一方、最後の要素は「織田信長」や「豊臣秀吉」「私」で大きな値を示し、この要素は人間に関する情報を表していると解釈することができるでしょう。これらの解釈より、「織田信長」や「豊臣秀吉」という単語は、歴史への関連性や実在した人間であることなど、複数の側面から意味をもっていることを示しています。このようにベクトルが構成されると、「意味の近い単語は似たようなベクトルで表現される」ことになります。

続いて、単語埋め込みを使って、前節で扱ったニュースのカテゴリ予測問題を解くことを考えてみましょう。たとえば、教育・文化系のニュース記事に「織田信長」がよく登場する場合、機械学習モデルは「織田信長」のベクトルが教育・文化に関連する文書で頻繁に出現するというパターンを学習します。すると、同じようなベクトルをもつ「豊臣秀吉」も同様に教育・文化系のニュースとして分類される可能性が高まります。このように、単語ごとの類似性をベクトル空間上で自然に扱えるのが単語埋め込みの利点です。

高次元かつ疎になりやすい one-hot エンコーディングから、単語間の類似性をうまく表現できる低次元の分散表現への転換は、自然言語処理の歴史上大きなブレークスルーとなりました。単語埋め込みによって、単語がもつ意味的な近さをうまく捉えられるようになり、多くの自然言語処理タスクで性能が飛躍的に向上したのです。

5.2.3 単語埋め込みの仕組み

前項では、単語埋め込みが「単語同士の意味的な関係を捉えられるベクトル表現」であることを紹介しました。しかし、具体的にどのように学習すれば、このようなベクトルを獲得できるのでしょうか。本節では、さまざまな単語埋め込み学習アルゴリズムの先駆けであり、現在も広く使われている word2vec [75, 73, 74] と呼ばれる技術について紹介します。

word2vec は、「コーパス[*3]中において、ある単語はその周辺の単語から予測できる」という仮説に基づいて、単語ベクトルを学習します[*4]。この仮説は、単語の意味は文脈によって定義されるという考えに基づいています。直感的な例として、以下のような文を考えてみましょう。

＊3　コーパス（corpus）とは、システムで扱えるように整理された大量のテキストデータを指します。
＊4　学習の仕組みについては後述します。

- 私の家では、犬を [MASK] 予定だ
- 私は家で、猫を [MASK] 予定です
- 私の家では、インターネット回線を [MASK] 予定だ

それぞれの [MASK][*5]にはどのような単語が入るでしょうか。1番上の文では、「飼う」という単語が入ると想像した方が多いと思います。真ん中の文も同様に、「飼う」という単語が入る確率が高そうです。一方で、1番下の文では「飼う」という単語を入れると不自然な文になってしまいます。たとえば、「契約する」という単語を入れると意味の通った文になりそうです。

他にもさまざまな例が考えられますが、どうやら犬や猫などのペットになりやすい生物に対しては、[MASK] は「飼う」という単語が入ると意味が通りそうです。このように、周辺の単語（文脈）を見れば、[MASK] に入る単語がどのような意味をもつか、ある程度推測ができます。もし、学習した単語ベクトルを使って「犬」「猫」と似た文脈で使われる単語を推定できるなら、それは「ペットに関連して扱われる単語」という意味を含むベクトルを学習できたと考えられます。word2vec では、こうした「周辺単語から中心単語を推測する」あるいは「中心単語から周辺単語を推測する」という仕組みを大規模に実行し、単語の意味を捉えたベクトルを獲得していきます。

実際のコーパスには、「ペットっぽさ」に限らず、歴史やスポーツ、娯楽など、さまざまな概念に関連する文が含まれており、word2vec で学習されるベクトルも、そうした多様な意味を含んだものになります。word2vec は、単語の意味を反映したリッチなベクトル表現を学習できる一方で、学習されるベクトルの質は、どのようなコーパスを使って学習したかに大きく依存します。たとえば、広く用いられている学習済みの単語埋め込みは、Google ニュース[*6]、Wikipedia の記事 [129] などを利用しており、いずれも巨大なテキストコーパスをもとに学習がなされています。

図 5.5 では、これまでの説明をグラフィカルに表現しています。このような、データセットの変換によって学習データ（マスクした文章）と教師データ（元のコーパス中の文章）を生成する方法は、**自己教師あり学習（self-supervised learning）** [25] と呼ばれます。自己教師あり学習は、手動で教師データを作成する必要がないため、非常に大規模なデータセットにも容易に適用できる点が強み

＊5　任意の1単語を隠した結果を、[MASK] と表記しています。

＊6　https://code.google.com/archive/p/word2vec/

です。これは、word2vecのような技術において特に有用であり、膨大なコーパスを活用して高品質な単語ベクトルを学習するための効果的なアプローチとなっています。

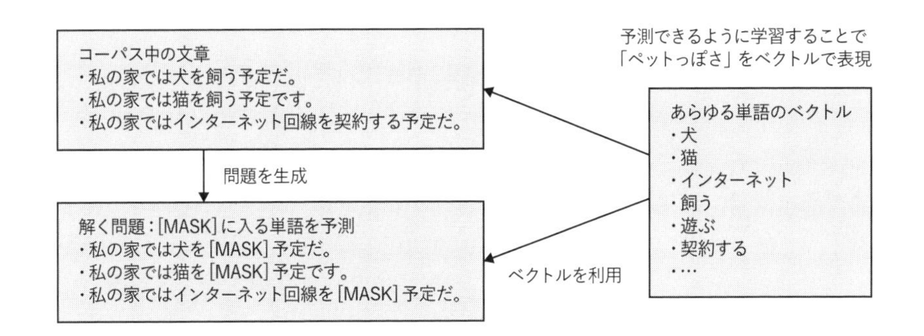

■ 図 5.5: word2vecのメカニズムのイメージ

それでは、word2vecの具体的な学習手順を見ていきましょう。word2vecの学習アルゴリズムにはいくつかのバリエーションがありますが、その中でも代表的な設定として、**Skip-gramモデル**と**ネガティブサンプリング（Negative Sampling）**について紹介します。

コーパス中の単語の系列を $\omega_1, \omega_2, \ldots, \omega_N$ とし、ある単語 ω_n $(1 \leq n \leq N)$（中心単語）を入力として、その周辺（文脈）の単語 ω_{n+w} $(-W \leq w \leq W,\ w \neq 0)$ を予測する仕組みがSkip-gramモデルです。ここで、W はウィンドウサイズと呼ばれるハイパーパラメータで、「周辺の単語」を定義する前後の幅を調整します。

中心単語 ω とその周辺単語 ω' に対し、「単語ベクトル」$\boldsymbol{r}_\omega, \boldsymbol{r}_{\omega'}$ と「文脈ベクトル」$\boldsymbol{r}'_\omega, \boldsymbol{r}'_{\omega'}$ の2種類が割り当てられ、Skip-gramモデルでは式(5.1)の条件付き確率を高めるように $\boldsymbol{r}_\omega$ と $\boldsymbol{r}'_\omega$ を学習します。条件付き確率 $P(\omega'|\omega)$ は、ω の周辺に単語 ω' が生起する確率ということになります。

$$P(\omega'|\omega) = \frac{\exp(\boldsymbol{r}_\omega^\top \boldsymbol{r}'_{\omega'})}{\sum_{\omega'' \in \Omega} \exp(\boldsymbol{r}_\omega^\top \boldsymbol{r}'_{\omega''})}, \tag{5.1}$$

ここで、Ω はコーパスの語彙集合、$\top$ は転置記号です。内積 $\boldsymbol{r}_w^\top \boldsymbol{r}'_{\omega'}$ が大きいほど、ω と ω' が一緒に出現しやすいとみなすわけです。そして、実際に観測された単語列をもとに、式 (5.1) の負の対数尤度である式 (5.2) を損失関数として最小化するのが基本的な学習方針です。

$$L(\omega'|\omega) = -\log P(\omega'|\omega). \tag{5.2}$$

パラメータの学習過程で、学習ステップごとに式 (5.1) で単語の生起確率を計算しますが、このときの計算量は語彙サイズ $|\Omega|$ に比例します。しかしながら、$|\Omega|$ は数十万以上であることも珍しくなく、各学習ステップの計算量が非常に大きくなることも想定されます。これに対して、計算量を削減するための技法として**ネガティブサンプリング（Negative Sampling）**がよく用いられます。

式 (5.1) が、出現した単語 ω' を語彙の中から予測する $|\Omega|$ クラス分類問題を解いているのに対して、ネガティブサンプリングでは、学習データ上で周辺に出現している単語ペアなのか、学習データ全体からサンプリングした単語ペアなのかを予測する 2 クラス分類問題として近似しています。つまり、「実際に出現した単語ペア」か「ランダムにサンプリングした単語ペア」かを分類する問題を扱います。具体的には、式 (5.3) を最小化するようにパラメータを学習します。

$$L(\omega'|\omega) = -\log \sigma(\boldsymbol{r}_{\omega}^{\top} \boldsymbol{r}'_{\omega'}) - \sum_{\omega'' \in \Omega_{\mathrm{neg}}} \log \sigma(-\boldsymbol{r}_{\omega}^{\top} \boldsymbol{r}'_{\omega''}), \tag{5.3}$$

ここで、$\omega'' \in \Omega_{\mathrm{neg}}$ は学習データに出現する単語からランダムにサンプリングされた単語です。また、$\sigma(\cdot)$ は**シグモイド関数**で $\sigma(x) = \frac{1}{1+\exp(-x)}$ で定義され、x が大きいほど 1 に近づき、小さいほど 0 に近づく性質を持ちます。つまり、内積 $\boldsymbol{r}_{\omega}^{\top} \boldsymbol{r}'_{\omega'}$ が大きい場合は「よく共起する単語同士」と判断され、逆に小さい場合はランダムに抽出した「関係のないペア」と判断されるように学習されます。サンプルサイズ $|\Omega_{\mathrm{neg}}|$ は学習時のハイパーパラメータとして設定されますが、数個程度でも十分であることが実験的にわかっています [21][*7]。また、Ω_{neg} のサンプリングにはコーパス中の単語の頻度分布をもとにした分布が使われることが多いです。

以上が word2vec（Skip-gram モデル + ネガティブサンプリング）の大まかな仕組みです。実際には、**CBOW（Continuous Bag-of-Words）**モデル [73] など他の手法も含めて「word2vec」と総称されることが多いのですが、いずれの

＊7　実際に、広く用いられる自然言語処理の Python ライブラリ Gensim(`https://radimrehurek.com/gensim/`) では、サンプルサイズのデフォルト値が 5 に設定されています。

派生手法も「周辺単語との関係からベクトルを学習する」という基本方針は共通しています。

5.3 ノード埋め込み

単語埋め込みが文章中の単語の特徴を数値で表現する技術だったのに対し、**ノード埋め込み（node embedding）**はネットワーク中のノードの性質を数値によるベクトルで表現する技術です。この二つの概念は似ているのですが、単語の意味の表現とノードの性質の表現は、以下の二つの観点で大きく前提が異なります。

- さまざまなテキストデータには共通の単語が出現するが、ほとんどの場合ノードは特定のネットワーク内でしか出現しない。たとえば、SNSと分子のネットワークでは、両者にともに現れるノードは存在しない。
- 辞書で定義されるように単語は特定の意味をもつが、ノードの意味は定義されていない。

さて、word2vecでは「同じ文脈中で生起する単語のペアは類似している」という前提に基づいて単語のベクトル表現を学習しました。ノード埋め込みでは、「どのようなノードのペアが類似しているか」の前提は採用するアルゴリズムによって異なり、その前提に基づいてノードのベクトル表現を学習します。この類似性の定義にはさまざまな種類が考えられますが、特に多くのアルゴリズムでは、「周辺のノードの性質が似ているノード同士は類似している」と仮定して学習が行われます。

直感的な例として、あるSNS上で複数のジャズミュージシャンと、彼らをフォローしている多くのジャズファンがいる状況を考えてみましょう。このとき、性質の似たジャズミュージシャンをフォローしているジャズファン同士も似た性質をもつと考えることができます。また、逆に性質の似たジャズファンにフォローされているジャズミュージシャン同士も似た性質をもつことが想像されます。このように、フォロワーやフォロイーの関係性を通じて、ノード同士の類似性がネットワーク構造に基づいて捉えられるのです。

この例をネットワークおよびベクトル空間上のノード埋め込みで表現する場合、それぞれ図 5.6、図 5.7 のようなイメージになります。

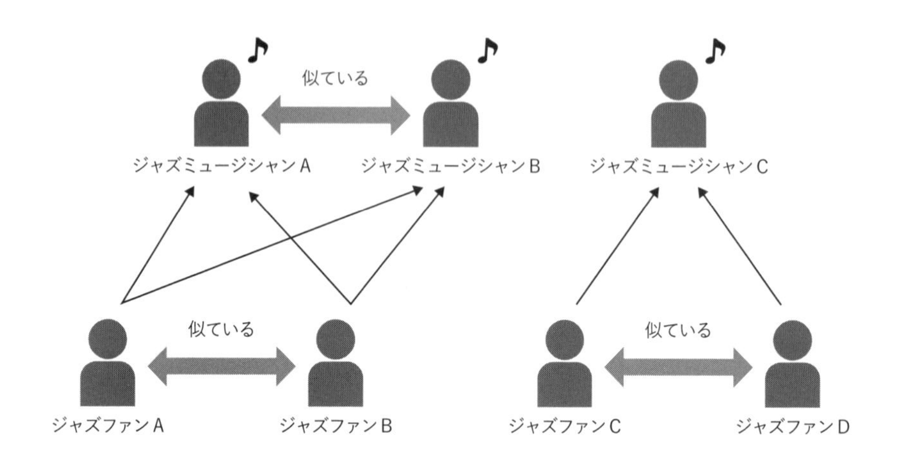

▪図 5.6: SNS におけるジャズミュージシャンとジャズファンのネットワークの例

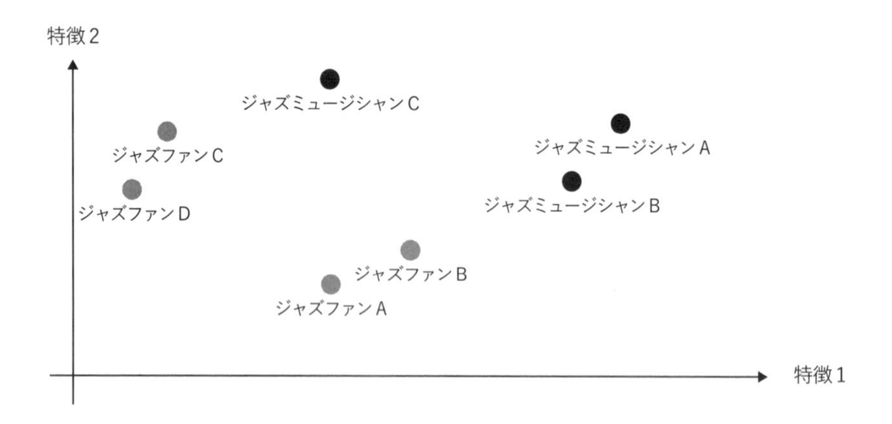

▪図 5.7: 図 5.6 で示したネットワークをノード埋め込みを用いて表現したイメージ

図 5.7 では、簡単のためにノード埋め込みを 2 次元のベクトルで表現しています。特徴 1、特徴 2 の値そのものには意味がありませんが、ジャズファン C とジャズファン D は似たようなベクトルであったり、ジャズミュージシャン A とジャズミュージシャン B が似たようなベクトルであったりと、類似した性質をもつユーザが同じようなベクトルで表現されていることがわかります。

ノード埋め込みでは、着目する類似性と学習の方針により用いる手法が定まっていきます。表 5.3 は、本章で紹介する代表的な手法を整理したものです。アプローチの方向性は、大きく二つに分けることができます。5.3.1 節では、近傍にあるノード同士が類似するようなベクトルを得るノード埋め込みについて、いくつかの代表的なアプローチを解説します。続く 5.3.2 節では、似た周辺構造をもつノード同士が類似するようなベクトルを得るノード埋め込みを紹介します。

▾ 表 5.3: ノード埋め込みの手法の整理

手法	着目する類似性	学習の方針
DeepWalk	近接性	ランダムウォーク
node2vec	近接性	遷移確率を編集したランダムウォーク
LINE	近接性	ノード分布やエッジ分布の再構成
NetMF	近接性	特定の行列の行列因子分解
struc2vec	構造的類似性	多層ネットワークからのランダムウォーク

5.3.1 ノードの近接性を捉える手法

word2vec は、単語の系列があったときに、各単語の意味を捉えた連続値のベクトルに落とし込むことができる手法として、自然言語処理の分野で大きな成功を収めた手法でした。そこで、良いノード埋め込みの学習方法を考えるときに、「word2vec のアイデアをネットワークデータにも適用できないか」というアイデアは真っ先に浮かぶのではないでしょうか。テキストデータとネットワークデータの最大の違いはその構造ですが、逆にいえば、ネットワークから何かしらの方法でノードの系列を生成することができれば、word2vec の性能を活かせそうです。

ネットワークデータから系列を得る簡単な方法として、ネットワーク上のウォーク（エッジを経由した連続的なノードの遷移）があります。その中でも、次にどのノードへ移るかを確率的に無作為に選択する方法をネットワーク上の**ランダムウォーク**と呼びます。ランダムウォークを用いると、ネットワーク上のノードを効率よくサンプリングしながら連続的な系列として取得できます。そして、このように得られたノード系列を word2vec と同じ仕組みで処理すれば、ノード同士の文脈（近接関係）を捉えたノード埋め込みを得られる可能性が高いのです。こうしたシンプルなアイデアは多くの研究の出発点となっており、さまざまに発展を遂げています。

DeepWalk

DeepWalk [83] は、このランダムウォークを利用してノードの分散表現を学習する先駆的な手法です。DeepWalk はスケールフリーネットワークの性質に着目しています。具体的には、スケールフリーネットワーク[*8]におけるノードがランダムウォークで選ばれる回数と、Wikipedia のようなコーパスにおける単語の生起頻度がどちらも**べき乗則**に従うという特徴に注目し、word2vec の枠組みをノードの分散表現の学習に応用しました。

word2vec において中心単語の前後から周辺単語を定義したように、DeepWalk では起点とするノードからランダムウォークを行い周辺ノードを定義します。具体的には、起点とするノードから、隣接ノードの一様分布に従いランダムに T 回ノードを遷移して、遷移した結果をノードの系列として獲得します。word2vec と同様にノードの系列上で中心ノードと周辺ノードの類似性が高くなるようにして、ノード埋め込みを学習していきます。

ここで、時点 t で位置するノードを v_t とし、その遷移確率を以下の式 (5.4) で定義することとします。

$$P(v_t|v_{t-1},\ldots,v_0) = \frac{\pi_{v_{t-1}v_t}}{\sum_{v\in V}\pi_{v_{t-1}v}}. \tag{5.4}$$

ただし、$\pi_{v_{t-1}v_t}$ をノード v_{t-1} から v_t へ遷移する可能性の度合いとします。$\pi_{v_{t-1}v_t}$ を以下の式（5.5）で計算すると、ランダムウォークによる遷移が表現されます。

＊8　スケールフリー性とは、現実世界の多くのネットワークで観察される特徴の一つです。多くのノードの次数が小さい一方で、ごく少数のノードが多くのつながりを占有し、ハブのように機能している状態のことを指し、本書では 7.5 節で簡単に扱います。

$$\pi_{v_{t-1}v_t} = \begin{cases} 1 & (v_{t-1}, v_t) \in E \quad \text{の場合}, \\ 0 & \text{それ以外の場合}. \end{cases} \tag{5.5}$$

図 5.8 にネットワーク上のランダムウォークの例を示します。濃いグレーのノードが起点とするノードであり、最初のステップでは、隣接する四つのノードからランダムに一つのノードを選択し、遷移します。続くステップでは、遷移したノードに隣接する三つのノードからランダムに一つのノードを選択し、遷移します。DeepWalk では、これを T 回繰り返し、遷移した履歴をノードの系列として、式 (5.2) に基づいて学習を行います。

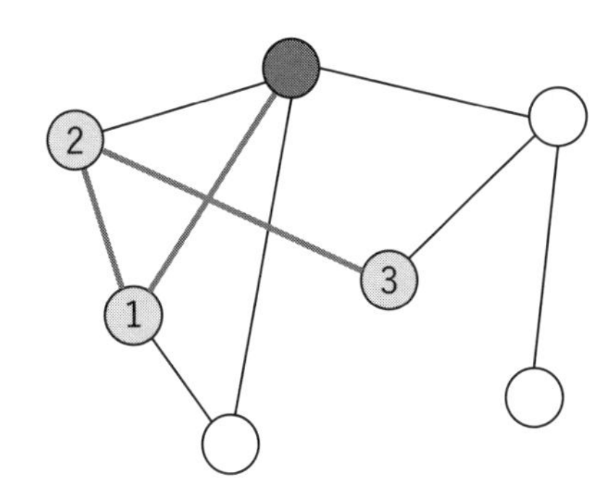

▪ 図 5.8: ネットワーク上のランダムウォークの例

word2vec では、コーパス中のある単語とその周辺の単語の類似度に基づいて損失を定義していましたが、DeepWalk における損失は、ランダムウォークにより得られたノードの系列上で、中心ノード v および周辺ノードの集合 V_p の関数 $L(v, V_p)$ として、以下のように書き下すことができます。ただし、$v_1, ..., v_k$ にはネットワーク上のノードを都度サンプリングしたものが利用されます。

$$L(v, V_p) = \sum_{v_p \in V_p} \left(-\log \sigma(\boldsymbol{r}_v^\top \boldsymbol{r}'_{v_p}) - \sum_{n=1}^{k} \log \sigma(-\boldsymbol{r}_v^\top \boldsymbol{r}'_{v_n}) \right). \tag{5.6}$$

式 (5.6) は、word2vec のネガティブサンプリングと同じ発想に基づいており、正例（周辺ノード）との内積を大きくしつつ、負例（サンプリングされたその他のノード）との内積を小さくするように学習します。自然言語処理分野で単語の意味をうまく表現できていた word2vec の考え方を転用することで、DeepWalk はシンプルながら強力な分散表現の学習手法として利用されています。DeepWalkを皮切りに、ノード埋め込みを対象にした研究は急激に発展していきました。

node2vec

第4章で解説したように、ノード埋め込みはリンク予測やコミュニティ検出などの後段タスクに応用されます。ここで、応用先の後段タスクによってノード埋め込みに求められる性質は異なってくると考えられます。たとえばリンク予測には、ノードの周囲の局所的な関係を反映したノード埋め込みが有効でしょう。一方でコミュニティ検出では、より広いノード間の大域的な関係を捉えたノード埋め込みを学習することが重要になると考えられます。

DeepWalkでは、ノードの系列の獲得に純粋なランダムウォークを利用しているため、これらの局所的あるいは大域的なつながりの情報を積極的に活用することができていないという課題がありました。そこで、ネットワークデータの構造や応用したい後段タスクに応じて、柔軟にノード間の関係を学習するために考案された手法が**node2vec** [34]です。

node2vecでは、**幅優先探索（Breadth-first Sampling；BFS）**と**深さ優先探索（Depth-first Sampling；DFS）**という二つのアイデアを組み合わせて、偏りをもたせたランダムウォークによってノード系列をサンプリングします。

node2vecにおける遷移は、以下の式(5.7)で表現されます。

$$\pi_{v_{t-1}v_t} = \begin{cases} \frac{1}{p} & (v_{t-1}, v_t) \in E \text{ かつ } d(v_{t-2}, v_t) = 0 \text{ の場合}, \\ 1 & (v_{t-1}, v_t) \in E \text{ かつ } d(v_{t-2}, v_t) = 1 \text{ の場合}, \\ \frac{1}{q} & (v_{t-1}, v_t) \in E \text{ かつ } d(v_{t-2}, v_t) = 2 \text{ の場合}, \\ 0 & \text{それ以外の場合}. \end{cases} \tag{5.7}$$

ここで、$d(v_1, v_2)$はノードv_1、v_2間の距離、pとqはそれぞれ始点への戻りにくさ、離れにくさを制御するパラメータです。ここで、これらのパラメータに実際に値を代入して、パラメータのもつ役割を確かめてみましょう。

pが小さい場合　：

$p = 0.5$、$q = 1$のとき、式(5.7)は以下のように書き直すことができます。

$$
\pi_{v_{t-1}v_t} = \begin{cases} 2 & (v_{t-1}, v_t) \in E \text{ かつ } d(v_{t-2}, v_t) = 0 \text{ の場合}, \\ 1 & (v_{t-1}, v_t) \in E \text{ かつ } d(v_{t-2}, v_t) = 1 \text{ の場合}, \\ 1 & (v_{t-1}, v_t) \in E \text{ かつ } d(v_{t-2}, v_t) = 2 \text{ の場合}, \\ 0 & \text{それ以外の場合}. \end{cases} \tag{5.8}
$$

この遷移では、v_{t-2} と v_t の距離が 0 に等しいノードに遷移しやすいといえます。距離が 0 ということは同一のノードを示し、p が小さければたどった道を戻りやすくなるような遷移となります。この遷移では、「遷移元のノードの周囲のノードをサンプリングしやすい幅優先探索」が行われます。

q が小さい場合　：

$p = 1$、$q = 0.5$ のとき、式 (5.7) は以下のように書き直すことができます。

$$
\pi_{v_{t-1}v_t} = \begin{cases} 1 & (v_{t-1}, v_t) \in E \text{ かつ } d(v_{t-2}, v_t) = 0 \text{ の場合}, \\ 1 & (v_{t-1}, v_t) \in E \text{ かつ } d(v_{t-2}, v_t) = 1 \text{ の場合}, \\ 2 & (v_{t-1}, v_t) \in E \text{ かつ } d(v_{t-2}, v_t) = 2 \text{ の場合}, \\ 0 & \text{それ以外の場合}. \end{cases} \tag{5.9}
$$

この遷移では、v_{t-2} と v_t の距離が 2 に等しいノードに遷移しやすいといえます。すなわち、v_{t-2} と v_t がエッジで接続されていないため、元のノードから離れていくような遷移となります。このような設定では、「元のノードから離れたノードをサンプリングしやすいような深さ優先探索」が行われます。

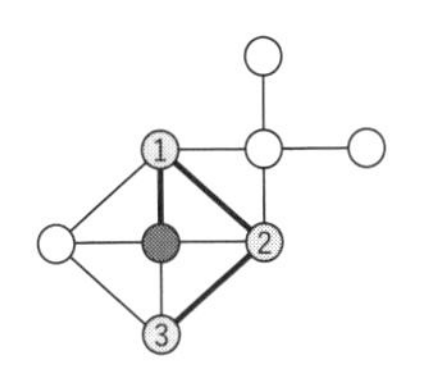

(a) 幅優先探索

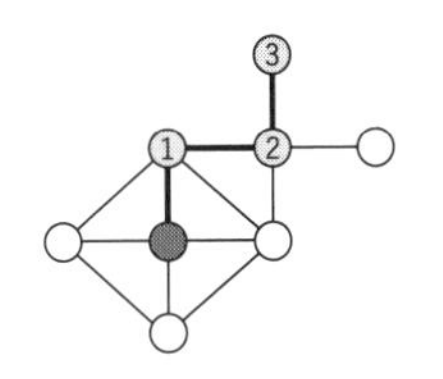

(b) 深さ優先探索

▪ 図 5.9: node2vec におけるランダムウォークの例。ノードに付随する数字は、ランダムウォークで訪れた順番を表す。

node2vecで実現できる幅優先探索および深さ優先探索のイメージを、それぞれ図5.9a、図5.9bに示します。

LINE

LINE（Large-scale Information Network Embedding）[98]はランダムウォークを利用せずにノード埋め込みを学習する代表的な手法です。LINEの特徴の一つとして、1次の近接性と2次の近接性という、2種類の近接性を区別して考える点があり、ネットワークの局所的、大域的な構造をそれぞれ学習することをねらっています。ここで近接性とは、つながり方に基づくノード間の関係性を指します。

ノード間の直接的なつながりである1次の近接性に着目した場合は、ネットワークの局所的な構造を表現します。ノード埋め込みの定義に立ち返ると、この場合には、ネットワーク上で直接つながっているノードは類似した特性をもつという仮定が置かれます。詳細にはふれませんが、Isomap [99]やラプラス固有写像[7]のような、古典的な次元削減手法でも、この1次の近接性を保持するように各ノードを低次元のベクトルで表現することを目指しています。

一方で、実世界のネットワークデータには、本来つながりが強く期待されるノードのペアであっても、そのつながりが欠落する状況が数多くあります。たとえば、仲のよい2人の学生がいたときに、偶然SNS上のアカウントを知らないようなことがあれば、SNSのネットワーク上ではこの学生間のつながりは存在しません。

そのような状況でもうまくノードの特性を捉える観点として、2次の近接性があります。2次の近接性では、ノード間の接続ノードの共有に着目します。仲がよいにもかかわらずSNS上でつながっていない学生の例になぞらえると、これらの学生はSNS上で他の学生と友人関係にあり、共通の友人の存在により2次の近接性として学生間のつながりを捉えられるでしょう。直感的にも、2次の近接性を考慮することにより、1次の近接性では捉えられなかった、ネットワークのより大域的な構造を捉えられそうです。

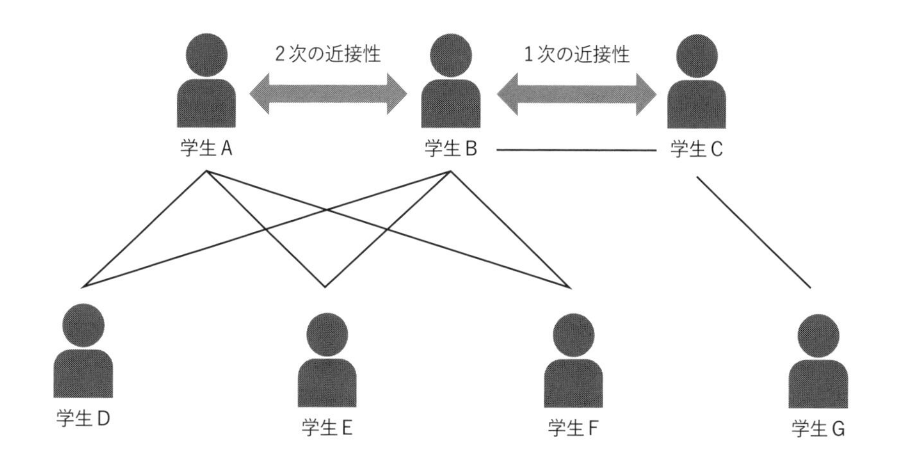

▪ 図 5.10: 1 次の近接性と 2 次の近接性

LINE では 1 次の近接性を捉えた分散表現と、2 次の近接性を捉えた分散表現を別々に学習します。1 次の近接性を捉えるために、ノード v と v' 間のエッジが観測される確率を分散表現を用いて以下の式で定義します。

$$p_1(v, v') = \frac{1}{1 + \exp(-\boldsymbol{r}_v^\top \boldsymbol{r}_{v'})}. \tag{5.10}$$

1 次の近接性を捉えた分散表現を学習するためには、式 (5.10) で計算される確率を、以下の値に近づけるように分散表現を更新します。

$$\hat{p}_1(v, v') = \begin{cases} \dfrac{1}{|E|} & (v, v') \in E \text{ の場合}, \\ 0 & \text{それ以外の場合}. \end{cases} \tag{5.11}$$

上記の学習方針は、ネットワーク上のエッジの分布 $\hat{p}_1(v, v')$ をノードの分散表現同士の内積により再構成していると捉えることができます。重み付きネットワークでは、エッジの重みを考慮した分布を再構成することで、同様に 1 次の近接性を考慮した分散表現を学習できます。

2 次の近接性を捉えるために、ノード v の接続ノードとして v' が観測される確率を分散表現を用いて以下の式で定義します。ただし、$\mathcal{N}(v)$ は v と接続するノードの集合であり、v'' は v と接続する任意のノードです。

$$p_2(v'|v) = \frac{\exp(\boldsymbol{r}_v^\top \boldsymbol{r}'_{v'})}{\sum_{v'' \in \mathcal{N}(v)} \exp(\boldsymbol{r}_v^\top \boldsymbol{r}'_{v''})}. \tag{5.12}$$

2 次の近接性を捉えた分散表現を学習するためには、式 (5.12) で表される確率を、以下の値に近づけるように分散表現を更新します。

$$\hat{p}_2(v'|v) = \begin{cases} \frac{1}{|\mathcal{N}(v)|} & (v, v') \in E\text{の場合}, \\ 0 & \text{それ以外の場合}. \end{cases} \tag{5.13}$$

1 次の近接性と比較すると、2 次の近接性の学習方針は、ノード v の周辺ノードの分布 $\hat{p}_2(v'|v)$ を、分散表現と文脈ベクトルの内積により再構成していることが特徴です。この方針により、直接接続しているノードよりも、同じノードに接続しているノード間で類似した分散表現が学習されるのです。

1 次の近接性、2 次の近接性を捉えるように学習されたそれぞれの分散表現は、そのままでもノードの特徴を示す特徴量として利用できますが、ベクトルを結合することで双方の特徴を兼ね備えた分散表現としても利用できます。

DeepWalk や node2vec と異なり、LINE ではランダムウォークを利用していませんが、2 次の近接性を反映した分散表現の学習では、経路長 1 のランダムウォークをサンプリングする設定と同様の学習をしていることになります。逆にいえば、DeepWalk や node2vec においてより長い経路長のランダムウォークをサンプリングする場合は、LINE では捉えきれないようなより大域的なネットワーク構造を捉えることができる可能性があります。

NetMF [86]

ランダムウォークを用いて分散表現の学習を行う DeepWalk や node2vec、ノードやエッジ分布を再構成するように学習を行う LINE など、異なるアプローチのアルゴリズムを統一的に解釈できる枠組みとして、NetMF（Network Embedding as Matrix Factorization）があります。

NetMF の枠組みでは、これまでに紹介した分散表現の学習アルゴリズムは、それぞれ暗黙的に「ある行列を行列因子分解している」と見なせます。たとえば、DeepWalk は式 (5.14) で表す行列の行列因子分解と等価であると示されています。ここで、$\boldsymbol{A}$ は隣接行列、$\boldsymbol{D}$ は次数行列、W はウィンドウサイズ、k はネガティブサンプリングのサンプルサイズです。

$$\log\left(\frac{\sum_{i=1}^{|E|}\sum_{j=1}^{|E|}A_{i,j}}{W}\left(\sum_{t=1}^{T}(\boldsymbol{D}^{-1}\boldsymbol{A})^t\right)\boldsymbol{D}^{-1}\right)-\log(k). \tag{5.14}$$

行列因子分解という共通の枠組みに統一して考えることで、いくつかの利点が得られます。一つは、元の手法よりも高い性能が期待できることです。多くの埋め込み手法では、学習時にノードやエッジをサンプリングして計算量を抑えているため、最適化したい関数と実際に行われる学習処理との間にギャップが生じます。一方で、NetMF では行列因子分解によって解を求めるため、このギャップがなくなり、性能向上が見込めます。

もう一つは、アルゴリズムを行列形式で理論的に解析できるようになる点です。得られる解の性質を数理的に整理しやすくなることに加えて、複数の行列を分解したときに得られる埋め込み表現の差分を定量化できるため、性能を維持しながら効率的に分散表現を求める近似アルゴリズムを検討しやすくなります。実際に Qiu ら [86] は、DeepWalk に相当する行列因子分解の近似による計算の高速化に成功しています。

一方、大きなネットワークを処理する場合、分解の対象となる行列も大きくなり、近似による高速化を行っても多大な計算時間が必要になることがあります。この問題については、後続の研究である NetSMF [85] で疎行列を用いて計算効率を高めるなど、いくつかの方向で改善が試みられています。

伝統的なネットワーク解析手法とのつながり

DeepWalk や LINE などのノード埋め込みが発展する以前から、ネットワーク解析には多くの研究が行われてきました。中には、ノード埋め込みと深く関連するものもあり、ここでは、ノード埋め込みの一種として捉えられる次元削減手法の**スペクトル埋め込み（spectral embedding）**を紹介します。また、スペクトル埋め込みは、第 6 章で扱うグラフニューラルネットワークの動作を理解するうえでも重要な技術です。

ネットワークデータを行列で表す方法はいくつかありますが、代表的なものに、**グラフラプラシアン（graph Laplacian）**があります。グラフラプラシアンは、次数行列 $\boldsymbol{D}$ および隣接行列 $\boldsymbol{A}$ を用いて計算されます。N 個のノードをもつグラフを考えれば、次数行列は各ノードの次数を対角成分とした $N \times N$ の対角行列であり、隣接行列はノード i とノード j 間にエッジが張られていれば

(i,j) 成分が 1、そうでなければ 0 となるような $N \times N$ の行列になります。このとき、グラフラプラシアン $\boldsymbol{L}$ は以下の式 (5.15) で定義されます。

$$\boldsymbol{L} := \boldsymbol{D} - \boldsymbol{A}. \tag{5.15}$$

また、各ノードの次数で正規化した式 (5.16) で定義されることもあります。

$$\begin{aligned}\tilde{\boldsymbol{L}} &:= \boldsymbol{D}^{-\frac{1}{2}}(\boldsymbol{D} - \boldsymbol{A})\boldsymbol{D}^{-\frac{1}{2}} \\ &= \boldsymbol{I} - \boldsymbol{D}^{-\frac{1}{2}}\boldsymbol{A}\boldsymbol{D}^{-\frac{1}{2}}.\end{aligned} \tag{5.16}$$

図 5.11 に示すネットワークを題材に、具体的な例を考えてみます。

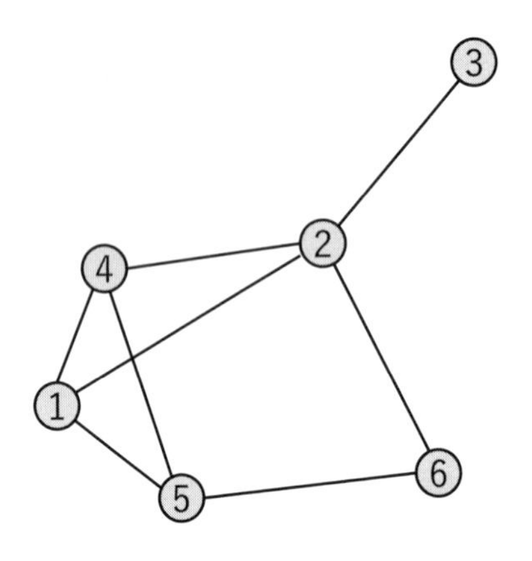

▪ 図 5.11: ネットワークの例

このネットワークの次数行列 $\boldsymbol{D}$、隣接行列 $\boldsymbol{A}$、グラフラプラシアン $\boldsymbol{L}$ はそれぞれ以下の通りになります。

$$\boldsymbol{D} = \begin{pmatrix} 3 & 0 & 0 & 0 & 0 & 0 \\ 0 & 4 & 0 & 0 & 0 & 0 \\ 0 & 0 & 1 & 0 & 0 & 0 \\ 0 & 0 & 0 & 3 & 0 & 0 \\ 0 & 0 & 0 & 0 & 3 & 0 \\ 0 & 0 & 0 & 0 & 0 & 2 \end{pmatrix},$$

$$
\boldsymbol{A} = \begin{pmatrix} 0 & 1 & 0 & 1 & 1 & 0 \\ 1 & 0 & 1 & 1 & 0 & 1 \\ 0 & 1 & 0 & 0 & 0 & 0 \\ 1 & 1 & 0 & 0 & 1 & 0 \\ 1 & 0 & 0 & 1 & 0 & 1 \\ 0 & 1 & 0 & 0 & 1 & 0 \end{pmatrix},
$$

$$
\boldsymbol{L} = \begin{pmatrix} 3 & -1 & 0 & -1 & -1 & 0 \\ -1 & 4 & -1 & -1 & 0 & -1 \\ 0 & -1 & 1 & 0 & 0 & 0 \\ -1 & -1 & 0 & 3 & -1 & 0 \\ -1 & 0 & 0 & -1 & 3 & -1 \\ 0 & -1 & 0 & 0 & -1 & 2 \end{pmatrix}.
$$

続いて、グラフラプラシアンのもつ性質について考えてみます。ノードに紐づく何らかの特徴量のベクトル $\boldsymbol{f}$（各ノード v_i に対応する成分を f_i とする）をグラフラプラシアンを用いて変換してみます。1 次変換 $\boldsymbol{Lf}$ は以下のように変形されます。

$$
\begin{aligned} \boldsymbol{Lf} &= (\boldsymbol{D} - \boldsymbol{A})\boldsymbol{f} \\ &= \boldsymbol{Df} - \boldsymbol{Af}. \end{aligned} \tag{5.17}
$$

さらに解釈しやすくするために、i 番目の要素についてさらに以下のように変形を行います。ただし、$d(v)$ はノード v の次数です。

$$
\begin{aligned} (\boldsymbol{Lf})_i &= d(v_i) \cdot f_i - \sum_{j=1}^{N} A_{ij} \cdot f_j \\ &= d(v_i) \cdot f_i - \sum_{v_j \in \mathcal{N}(v_i)} A_{ij} \cdot f_j \\ &= \sum_{v_j \in \mathcal{N}(v_i)} f_i - \sum_{v_j \in \mathcal{N}(v_i)} f_j \\ &= \sum_{v_j \in \mathcal{N}(v_i)} (f_i - f_j). \end{aligned} \tag{5.18}
$$

このように、グラフラプラシアンによる 1 次変換は、隣接するノードとの特徴量の差を捉えることができます。同様に、グラフラプラシアンによる 2 次形式を考えてみます。

$$
\begin{aligned}
\boldsymbol{f}^\top \boldsymbol{L} \boldsymbol{f} &= \sum_{v_i \in \mathcal{V}} f_i \sum_{v_j \in \mathcal{N}(v_i)} (f_i - f_j) \\
&= \sum_{v_i \in \mathcal{V}} \sum_{v_j \in \mathcal{N}(v_i)} (f_i f_i - f_i f_j) \\
&= \sum_{v_i \in \mathcal{V}} \sum_{v_j \in \mathcal{N}(v_i)} (\frac{1}{2} f_i f_i - f_i f_j + \frac{1}{2} f_j f_j) \\
&= \frac{1}{2} \sum_{v_i \in \mathcal{V}} \sum_{v_j \in \mathcal{N}(v_i)} (f_i - f_j)^2.
\end{aligned}
\tag{5.19}
$$

上記の式より、グラフラプラシアンの 2 次形式は隣接ノードとの特徴量の差の 2 乗を足し合わせたものであり、ネットワーク上における特徴量 $\boldsymbol{f}$ の滑らかさを表します。近傍ノード間で特徴量が似通ったネットワークでは 2 次形式の値は小さく、逆に近傍ノード間の特徴量の変化が激しいネットワークでは 2 次形式の値は大きくなります。

ここで、グラフラプラシアンに固有値分解を行って得られる固有値 λ、固有ベクトル $\boldsymbol{u}$ について考えます。

$$
\lambda \boldsymbol{u} = \boldsymbol{L} \boldsymbol{u}. \tag{5.20}
$$

式 (5.19) より、2 次形式が非負であることから、$\boldsymbol{L}$ は半正定値行列[*9]であり、その固有値も非負となります。また、任意のネットワークは連結成分ごとにブロック対角化 (block diagonalization)[*10]できるため、0 である固有値の数はネットワークの連結成分数と等しくなります[*11]。

＊9　半正定値行列（positive semidefinite matrix）とは、その 2 次形式が非負である行列であり、固有値も非負であるという性質を備えています。

＊10　異なる連結成分のノード間にはエッジが存在しないため、同じ連結成分のノード同士が隣り合うように次数行列や隣接行列を並び替えることで、連結成分ごとの隣接行列を対角上に並べたブロック対角行列を得ることができます。

＊11　連結成分数が 1 のネットワークに対するグラフラプラシアンを考えると、すべての要素が等しい値のベクトルは固有値 0 に対する固有ベクトルとなります。グラフラプラシアンがブロック対角化できる場合は、特定の連結成分のノードに対して等しい値で、それ以外の連結成分のノードに対して 0 となるようなベクトルがすべて固有値 0 に対する固有ベクトルとなります。

試しに、図 5.11 に示すネットワークの固有値、固有ベクトルを計算してみるとそれぞれ式 (5.21)、式 (5.22) のようになります。

$$\boldsymbol{\lambda} = (\lambda_0, \lambda_1, \ldots, \lambda_5)^\top = (0.0, 0.9, 2.0, 3.6, 4.0, 5.5)^\top. \tag{5.21}$$

$$\begin{aligned}\boldsymbol{U} &= (\boldsymbol{u}_0, \boldsymbol{u}_1, \ldots, \boldsymbol{u}_5)\\ &= \begin{pmatrix} -0.41 & 0.21 & -0.41 & 0.15 & 0.71 & -0.32 \\ -0.41 & -0.08 & 0.00 & 0.54 & 0.00 & 0.73 \\ -0.41 & -0.87 & 0.00 & -0.21 & 0.00 & -0.16 \\ -0.41 & 0.21 & -0.41 & 0.15 & -0.71 & -0.32 \\ -0.41 & 0.31 & 0.00 & -0.77 & 0.00 & 0.38 \\ -0.41 & 0.21 & 0.82 & 0.15 & 0.00 & -0.32 \end{pmatrix}.\end{aligned} \tag{5.22}$$

このネットワークの連結成分数は 1 であるため、0 である固有値もちょうど一つだけ存在します。また、対応する固有ベクトル $\boldsymbol{u}_0$ は全成分が同じ値をとる定数ベクトルとなっています。一方、$\lambda_5 = 5.5$ のような大きい固有値になるにつれ、対応する固有ベクトルもまた、ノードによって値がプラスになったりマイナスになったりと変動が大きくなっています。ここで着目したいのは、「固有値が小さいほど固有ベクトルはネットワーク上で値が滑らか」であり低周波成分に対応し、「固有値が大きいほどノード間で値が激しく変化」しており高周波成分に対応するという点です。そのイメージを図 5.12a、図 5.12b、図 5.12c に示しました。

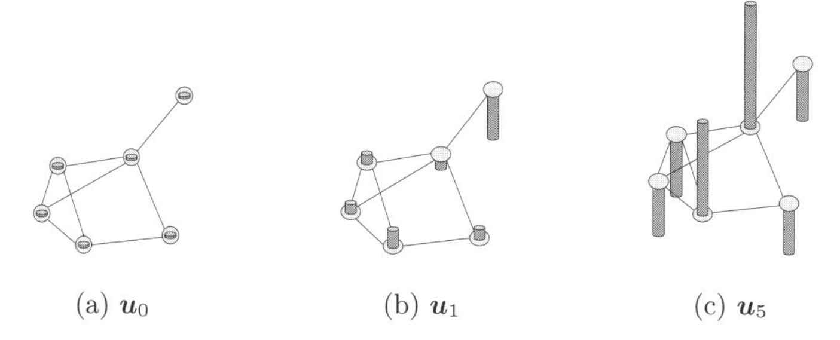

(a) $\boldsymbol{u}_0$　(b) $\boldsymbol{u}_1$　(c) $\boldsymbol{u}_5$

■ 図 5.12: 各固有値に対応する固有ベクトルの、各ノードへの割り当てのイメージこれは、フーリエ解析でいう「低周波成分」「高周波成分」に相当する概念であり、**グラフフーリエ変換（Graph Fourier Transform；GFT）**としての解釈につながります。ネットワーク上の特徴量（信号）ベクトル $\boldsymbol{f}$ に対するグラフフーリエ変換は、$\boldsymbol{U} = (\boldsymbol{u}_0, \boldsymbol{u}_1, \ldots, \boldsymbol{u}_{N-1})$ を用いて式 (5.23) で表され、これによって $\hat{f}_i$ は「λ_i の固有ベクトル成分が $\boldsymbol{f}$ の中でどの程度含まれているか」を表す係数として解釈できます。

$$\hat{\boldsymbol{f}} = \boldsymbol{U}^\top \boldsymbol{f}. \tag{5.23}$$

また、その逆変換も式 (5.24) のように、$\boldsymbol{U}$ と $\hat{\boldsymbol{f}}$ の積によって信号 $\boldsymbol{f}$ を再現できます。このとき、低周波成分や高周波成分だけをそれぞれ強調すれば、ネットワーク上のローパスフィルタやハイパスフィルタ[*12]を考えることができます。

$$\boldsymbol{f} = \boldsymbol{U}\hat{\boldsymbol{f}}. \tag{5.24}$$

こうした性質を利用し、変動の大きい上位 k $(1 \leq k \leq N)$ 個の固有ベクトルを用いて、ノードの構造的な特徴をベクトルとして表現することができます。固有値を小さい順に $0 \leq \lambda_0 \leq \lambda_1 \leq \cdots \leq \lambda_{N-1}$ と仮定し、対応する固有ベクトルを $\boldsymbol{u}_0, \boldsymbol{u}_1, \ldots, \boldsymbol{u}_{N-1}$ としたとき、ノード v_i に対するベクトル $\boldsymbol{r}_{v_i}$ は以下で得ることができます。

$$\boldsymbol{r}_{v_i} = (u_{N-k,i}, u_{N-k+1,i}, \ldots, u_{N-1,i})^\top. \tag{5.25}$$

このようにしてベクトルを得る手法のことを**スペクトル埋め込み（spectral embedding）**と呼び、ネットワーク解析に限らず、データ解析で広く用いられてきました。スペクトル埋め込みは伝統的な次元削減手法である一方で、ネットワーク構造を反映した低次元のベクトルが得られることから、ノード埋め込みの一種と捉えることもできます。

5.3.2　近接性以外の特性を捉える手法

これまでノードの近接性を捉えるための特徴を学習する手法について紹介して

＊12　一般の信号処理におけるローパスフィルタは、信号の高周波成分を抑制し、低周波成分を強調するフィルタです。画像処理では、画像をぼかしたり、ノイズを除去したりする効果があります。一方、ハイパスフィルタは、信号の低周波成分を抑制し、高周波成分を強調するフィルタです。画像処理では、画像のエッジを強調したり、シャープネスを上げたりする効果があります。

きましたが、ノードを特徴づける要因は近接性に限りません。近接性を考慮して学習を行うために、エッジ分布の再構成やランダムウォークによる系列のサンプリングが行われていましたが、学習の途中過程を操作することで、近接性以外の特徴を扱えるようにした研究が複数報告されています。

このような研究の例として、ノードの構造的特性に着目したノード埋め込みがあります。構造的特性とは、たとえば、ハブとしてネットワーク上で中心的な役割を担っているなど、周囲のノードとの接続の仕方に関する特徴を指します。たとえば世界の空港ネットワークを考えると、ハブとなる空港の間には必ずしも直通便があるわけではなく、DeepWalk のような近接性を捉える手法では、その類似性を捉えることは困難だと考えられます。

struc2vec

struc2vec [88] はノードの構造的特性を捉えるための手法です。全体の流れはDeepWalk などのランダムウォークベースの手法と似ていますが、ノードをサンプリングする際のランダムウォークを「構造的に類似したノードを優先的に訪れる」ように変更し、近接性ではなく「構造上の類似」を捉えやすくするように工夫しています。

struc2vec のアプローチの全体像は以下の通りです。

1. すべてのノード間で構造的な類似度を算出する
2. 構造的な類似性を反映した多層ネットワークを生成する
3. 多層ネットワーク上のランダムウォークによりノード系列を得る
4. word2vec の枠組みで学習を行う

以下では、これらのステップを順にみていきましょう。

まず、ノード間の構造的な類似度を測定するために、ノード v に対して式 (5.26) のような系列 $\boldsymbol{s}_{v,k}$ を考えます。ただし、ノード v との距離が k であるようなノードの集合を $R_k(v)$ とします。たとえば空港ネットワークでいえば、$R_1(v)$ は「v に直行便がある空港の集合」、$R_2(v)$ は「v に 1 回の乗り継ぎでいける空港の集合」、といった具合に解釈できます。ハブ空港であれば、$|R_1(v)|$ が大きくなるはずです。また、$\boldsymbol{s}(R_k(v))$ は、$R_k(v)$ に含まれるノードの次数を昇順に並び替えた系列です。

$$\boldsymbol{s}_{v,k} = \left(\boldsymbol{s}(R_1(v)), \boldsymbol{s}(R_2(v)), \ldots, \boldsymbol{s}(R_k(v))\right). \tag{5.26}$$

struc2vecでは、ノードごとに与えられる式(5.26)の系列について、その系列間の類似度をノード間の「構造的な類似度」と定義します[*13]。

続いて、系列間の類似度から、類似度を重みとするような重み付きネットワークを生成します。ここで、系列の先頭から部分的な系列を切り出して類似度を測定することを考えるとき、その系列が長いほどノード周辺の広い構造を反映した類似度になります。そこで、ノード周辺の狭い構造から広い構造へ順々に考慮して類似度を考えるために、$\boldsymbol{s}_{v,1}$ 間の類似度をもとに生成したネットワーク G_1、$\boldsymbol{s}_{v,2}$ 間の類似度をもとに生成したネットワーク G_2、…、$\boldsymbol{s}_{v,k}$ 間の類似度をもとに生成したネットワーク G_k を重ねた多層ネットワーク $G_{1\sim k}$ を考えます。

G_k におけるノード v を v^k として表し、$G_{1\sim k}$ 上のウォークを以下のように定義します。なお、γ は層を超えた移動を制御する確率パラメータ、$f(\cdot)$ を系列間の類似度、$\mathbb{1}(\cdot)$ を指示関数、Z を正規化項とします。

$$\begin{aligned}
\pi_{v_{t-1}^l v_t^l} &= \gamma \frac{\exp(f(\boldsymbol{s}_{v_{t-1},l}, \boldsymbol{s}_{v_t,l}))}{Z}, & (5.27)\\
\pi_{v_{t-1}^l v_{t-1}^{l+1}} &= (1-\gamma)\frac{\log(\Gamma_l(v_{t-1})+e)}{1+\log(\Gamma_l(v_{t-1})+e)}, & (5.28)\\
\pi_{v_{t-1}^l v_{t-1}^{l-1}} &= (1-\gamma)\frac{1}{1+\log(\Gamma_l(v_{t-1})+e)}, & (5.29)\\
\Gamma_k(v) &= \sum_{v' \in V} \mathbb{1}(f(\boldsymbol{s}_{v,k}, \boldsymbol{s}_{v',k}) > \bar{f}_k),\\
\bar{f}_k &= \frac{2\sum_{u\in V}\sum_{u'\in V\setminus\{u\}} f(\boldsymbol{s}_{u,k}, \boldsymbol{s}_{u',k})}{|E|(|E|-1)}.
\end{aligned}$$

式(5.27)〜(5.29)の直感的な解釈は以下のように説明できます。

- 確率 γ で同じ第 l 層目のネットワーク上を移動する。類似度 $f(\boldsymbol{s}_{v_{t-1},l}, \boldsymbol{s}_{v_t,l})$ が大きい（周囲の構造が似ている）ノードほどサンプリングされやすいようなウォークを行う。
- 確率 $1-\gamma$ で層を変える。第 l 層で類似したノードが多いほど上位の層のネットワークに遷移しやすく、ノード周辺の広い構造を活用しやすくなる。

＊13　系列間の類似度の測定にはDynamic Time Warping（DTW）[89]を利用しています。DTWは、系列の長さ、ズレを考慮して柔軟に系列の類似度を測定できる方法です。

また、ここでの指示関数 $\mathbb{1}(\cdot)$ は、括弧内の条件（$\boldsymbol{s}_{v,k}$ と $\boldsymbol{s}_{v',k}$ の類似度が平均 $\bar{f}_k$ を上回るかどうか）を満たす場合のみ 1 を返し、満たさなければ 0 を返します。つまり、$\Gamma_k(v)$ は「第 k 層においてノード v とある程度似ているノードの数」のような指標として機能します。

struc2vec で構築される多層ネットワークを視覚的に表現したものが図 5.13 になります。

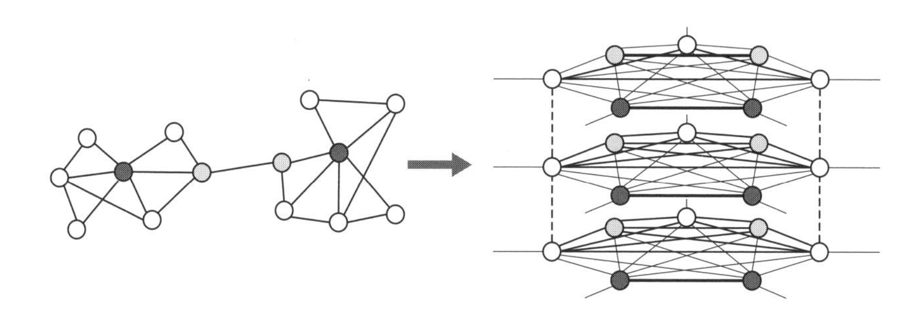

▪ 図 5.13: struc2vec における多層ネットワーク作成のイメージ

図 5.13 において、下位の層のネットワークでは、元のネットワークの左右のコミュニティでそれぞれハブの役割を果たすノード（黒いノード）間の関係を捉えており、エッジに大きな重みが割り当てられています。さらに層を上げるとコミュニティの橋渡し役となるノード（グレーのノード）もピックアップされるなど、異なる構造的特性を段階的に捉えることが可能です。

以上のように、struc2vec は近接性ベースの埋め込みでは拾いきれない「構造上の類似性」をランダムウォークの仕組みでうまく反映している点が特徴です。ハブ空港の例のように、「直接的な隣接関係」よりも「ノード同士の接続パターン」が重要視されるネットワークで、とくに有効に機能します。

5.4 ノード埋め込みの実装

5.4.1 実装の方針

本章では、ネットワークに対する機械学習の有効性を示すために、大規模なネットワークデータを用いた実装例を紹介します。実装にあたり、データセットをダウンロードし、機械学習モデルの構築には複数のPythonライブラリを利用します。具体的には、第2章で利用したPyTorch Geometricに加えて、代表的な機械学習ライブラリであるscikit-learnを利用します。scikit-learnでは、データの前処理やモデリング、可視化などさまざまな機能を内包していますが、本書では主に、ネットワークではない構造のデータに対する機械学習のモデリングに利用します。

これらのライブラリを用いて、図5.14に示すような方針で実装を進めていきます。まず、PyTorch Geometricの機能を利用して、処理の対象とするネットワークデータのダウンロードと、node2vecによるノードの分散表現の学習を行います。その後、scikit-learnを用いて、ネットワークデータに元々付与されている特徴とノードの分散表現を結合しノード分類を行います。また、ネットワークデータに元々付与されている特徴だけでもノード分類を行い、結果を比較します。

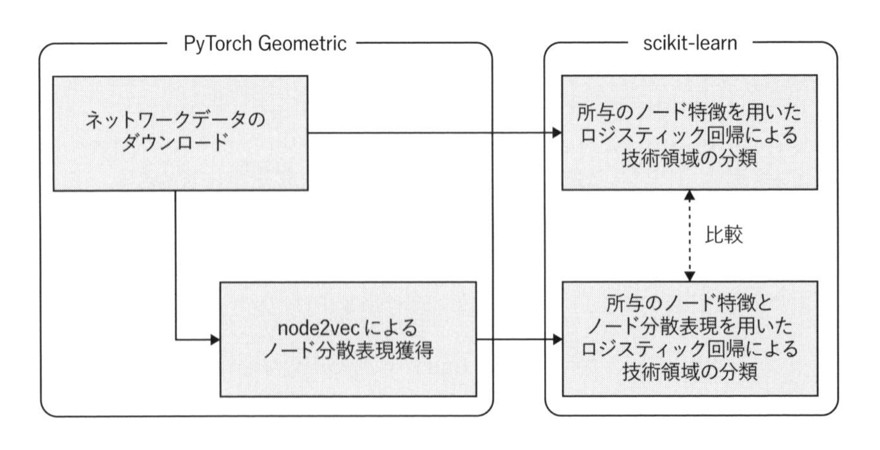

■図5.14: ノード埋め込み実装の全体像

5.4.2 データセットのダウンロードと前処理

まずは、使用する Python ライブラリのインストールを行います。ここでは Google Colaboratory の環境で実行することを想定しており、PyTorch ライブラリのバージョンを明示的に指定してインストールしています。

In

```
# 依存ライブラリのインストール
!pip uninstall -y fastai torch torchaudio torchdata \
    torchtext torchvision

!pip install torch==2.0.0+cpu --index-url \
    https://download.pytorch.org/whl/cpu

!pip install torch-cluster torch-scatter torch-sparse \
    -f https://data.pyg.org/whl/torch-2.0.0+cpu.html

# 必要なライブラリのインストール
!pip install torch-geometric==2.3.1
```

続いて、PyTorch Geometric の `Planetoid` クラスを介して、Cora データセット [71] をダウンロードします。第 3 章でもふれましたが、Cora は論文の引用関係を表すネットワークで、約 2,700 のノード（論文）が含まれます。

In

```
import matplotlib.pyplot as plt
import networkx as nx
from torch_geometric.datasets import Planetoid

# torch_geometric の Dataset としてダウンロード
dataset = Planetoid(root="./dataset", name="Cora", split="full")
```

Cora データセットは PyTorch Geometric 上で定義される `Dataset` クラスを継承したクラスのインスタンスとしてダウンロードされます。そのため、ダウンロードしたデータセットを PyTorch Geometric 上で学習や評価に容易に利用できます。

In

```
# Planetoid は torch_geometric の InMemoryDataset を継承している
# そのため、torch_geometric での学習が容易である
print(f"データセットの型 : {type(dataset)}")
print(f"ネットワークの型 : {type(dataset._data)}")
```

Out

```
データセットの型 : <class 'torch_geometric.datasets.planetoid.Plan-
etoid'>
ネットワークの型 : <class 'torch_geometric.data.data.Data'>
```

PyTorch Geometric で定義されるネットワーク（`Data` オブジェクト）からNetworkX で定義されるネットワーク（`Graph` オブジェクト）への変換も容易です。試しに、`to_networkx()` を用いて、NetworkX のネットワークに変換して、ネットワークの基礎的な情報を見てみましょう。

In

```
from collections import Counter
from torch_geometric.utils.convert import to_networkx

# PyTorch Geometric -> NetworkX への変換
cora_network = to_networkx(dataset._data, node_attrs=["y"])
print(f"ネットワークの型 : {type(cora_network)}")
print(f"ノード数 : {cora_network.number_of_nodes():,}")
print(f"エッジ数 : {cora_network.number_of_edges():,}")
```

Out

```
ネットワークの型 : <class 'networkx.classes.digraph.DiGraph'>
ノード数 : 2,708
エッジ数 : 10,556
```

続いて、`nx.draw()` を用いて、NetworkX で Cora のネットワークを描画してみます。出力結果から、Cora のネットワークは、一つの大きな連結成分と多数の小さな連結成分から構成されていることがわかります。

In

```
# Cora ネットワークの描画
nx.draw(cora_network, node_size=10)
```

Out

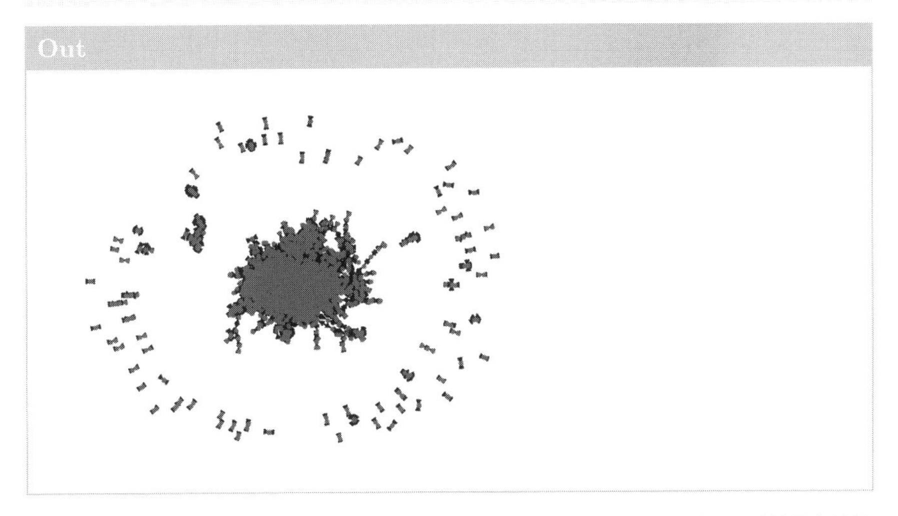

cora_network のノード属性 y には、それぞれの論文がどの分野（技術領域）に属するかというラベル情報の ID が割り当てられています。ノード分類タスクの目的は、この論文の技術領域を分類することです。分類を行う対象のラベルの分布を以下で可視化してみましょう。ここでは、nx.get_node_attributes() を用いて、ノード属性 y を取得し、データ可視化のためのライブラリである Matplotlib を用いて棒グラフを作成します。

In

```
# 各論文の技術領域に対応する ID を取得
labels = nx.get_node_attributes(cora_network, "y")
label_counter = Counter(labels.values())

# ラベル分布を表示
plt.bar(
    [k for k, _ in sorted(label_counter.items())],
    [v for _, v in sorted(label_counter.items())],
)
```

```
plt.xlabel("label_id")
plt.ylabel("node_count")
plt.show()
```

Out

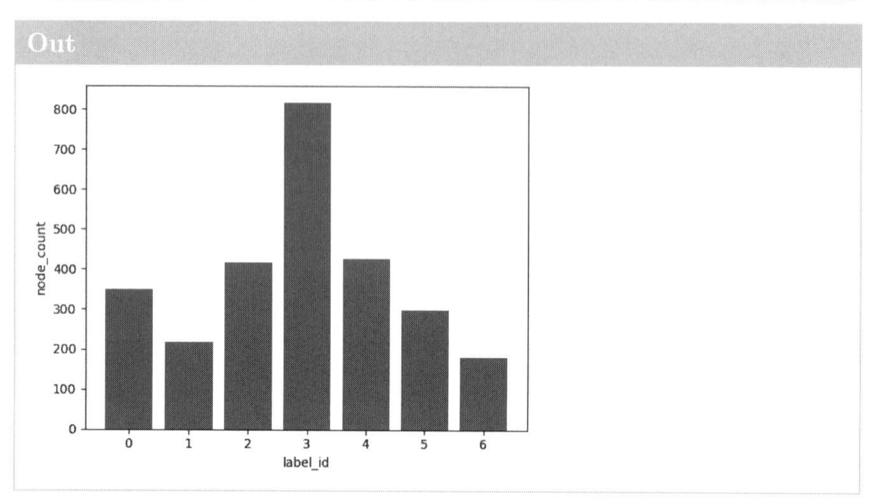

続いて、データの前処理を行います。ノード分類タスクを解くために、ネットワーク上のノードを学習データとテストデータに分割しましょう。この分割を行うには、PyTorch Geometric の RandomNodeSplit() が便利です。引数として、num_val や num_test に 0.0 ～ 1.0 の値を入力すると、その割合だけ検証データやテストデータに割り当てられます。ここでは検証データを用いず、全体の 40 %のデータをテストデータとします。

In

```
from torch_geometric.transforms import RandomNodeSplit

# ノードを学習データとテストデータに分割
node_splitter = RandomNodeSplit(
    split="train_rest",
    num_splits=1,
    num_val=0.0,
    num_test=0.4,
    key="y",
)
```

```
splitted_data = node_splitter(dataset._data)
print(splitted_data.node_attrs())
print(splitted_data.train_mask)
print(splitted_data.test_mask)
```

Out

```
['test_mask', 'x', 'train_mask', 'val_mask', 'y']
tensor([ True, False,  True, ..., False, False,  True])
tensor([False,  True, False, ...,  True,  True, False])
```

5.4.3 node2vecによる分散表現の学習

続いて、モデルを定義します。ここではnode2vecモデルを用いてノード埋め込みを行います。PyTorch GeometricではNode2Vecクラスを介してモデルを利用できます。主要なパラメータを以下に示します。詳細はPyTorch Geometricの公式ドキュメント*14にゆずりますが、これらの値を調節することで、学習時間や学習されるベクトルの性質を制御することができます。また、最適化アルゴリズムとしてAdam[48]を採用します。

- embedding_dim：ベクトルの次元数
- walk_length：ランダムウォークの長さ
- context_size：ウィンドウサイズ
- walk_per_nodes：ノードごとにランダムウォークを実行する回数
- p：ランダムウォークで始点への戻りにくさを制御するパラメータ
- q：ランダムウォークで始点からの離れにくさを制御するパラメータ

In

```
import torch
from torch_geometric.nn import Node2Vec

# node2vecモデルの定義
device = "cuda" if torch.cuda.is_available() else "cpu"
```

＊14 https://pytorch-geometric.readthedocs.io/

```
n2v_model = Node2Vec(
    splitted_data.edge_index,
    embedding_dim=64,
    walk_length=5,
    context_size=5,
    walks_per_node=10,
    num_negative_samples=1,
    p=1,
    q=1,
    sparse=False,
).to(device)

# 最適化アルゴリズムの選択
n2v_optimizer = torch.optim.Adam(
    list(n2v_model.parameters()), lr=0.01
)
```

続いて、学習を行います。PyTorch Geometric における node2vec モデルの学習では、ノードを起点としたランダムウォークによって得られるノードの系列（正例）`pos_rw` と、ネットワーク上からサンプリングされたノードの系列（負例）`neg_rw` を用いて学習を行います。これらのノードの系列は、`Node2Vec.loader()` を実行して得られる `DataLoader` オブジェクト `loader` から読み込むことができます。5.3.1 節で説明したように、式 (5.6) で定義される損失に従ってモデルパラメータを更新します。ここでは、`Node2Vec.loss()` の引数に `pos_rw` および `neg_rw` を入力することで損失を計算することができます。また、`tqdm()` を用いることで、学習の進捗をプログレスバーで確認することができます。

In

```
from tqdm import tqdm

# node2vec の学習を行う関数の定義
def train_n2v() -> float:
    n2v_model.train()
    total_loss = 0.0
    loader = n2v_model.loader(batch_size=8, shuffle=True)
```

```
    # サンプリングしたランダムウォークの読み込み
    for pos_rw, neg_rw in tqdm(loader):
        n2v_optimizer.zero_grad()

        # 損失の計算
        loss = n2v_model.loss(
            pos_rw.to(device),
            neg_rw.to(device),
        )
        loss.backward()
        n2v_optimizer.step()
        total_loss += loss.item()
    return total_loss / len(loader)

# 学習の実行
for epoch in range(30):
    loss = train_n2v()
    print(f"train loss : {loss:.4f}")
```

Out

```
100%|██████████| 339/339 [00:00<00:00, 243.34it/s]
train loss : 5.7654
100%|██████████| 339/339 [00:00<00:00, 231.30it/s]
train loss : 3.8734
:
100%|██████████| 339/339 [00:00<00:00, 425.17it/s]
train loss : 0.8473
```

学習が進むと、損失（loss）が徐々に下がることが確認できます。エポック数を増やすほど、より学習が進む場合もありますので、必要に応じて調整します。

5.4.4 ロジスティック回帰による論文の技術領域の分類

node2vec で学習したノードの分散表現を使って、各ノード（論文）がどの技術領域に属するかを分類してみましょう。以下のコードで、学習済みの node2vec

モデルから、すべてのノードに対応する分散表現の行列を取り出すことができます。

In

```
# ノードに対応するベクトルを行列形式で獲得
embedding_matrix = n2v_model.embedding(
    torch.arange(splitted_data.num_nodes)
)
print(embedding_matrix.shape)
```

Out

```
torch.Size([2708, 64])
```

出力結果から、2,708 個のノードに対して、64 次元のベクトルを獲得できていることがわかります。

続いて、論文の分類モデルを構築します。分類モデルは好きなものを使ってかまいませんが、ここでは scikit-learn のロジスティック回帰を利用することにします。まずは、学習したノード分散表現を利用せずに、あらかじめ与えられているノードの特徴量から予測を行ってみます。あらかじめ与えられている特徴量は、`Data.x` でアクセスできます。

In

```
# あらかじめ与えられた特徴量へのアクセス
print(splitted_data.x.shape)
```

Out

```
torch.Size([2708, 1433])
```

出力結果から、2,708 個のノードに対して、1,433 次元のベクトルが割り当てられていることがわかります。これは、あらかじめ定められた、1,433 種類のキーワードが各論文に含まれているか否かを 1 と 0 の二値で表現したベクトルです。このベクトルを用いて、ロジスティック回帰による分類を試してみましょう。まずは、`LogisticRegression` クラスを介してモデルを構築し、`LogisticRegression.fit()` で学習を行います。学習データの準備には、`Data` オブジェクトの `train_mask` が便利です。

In

```
# あらかじめ与えられた特徴量を用いたロジスティック回帰モデルの学習
from sklearn.linear_model import LogisticRegression
from sklearn.metrics import classification_report

baseline_classifier = LogisticRegression(
    max_iter=1000,
    random_state=0,
)
X_train = splitted_data.x[splitted_data.train_mask].numpy()
y_train = splitted_data.y[splitted_data.train_mask].numpy()
baseline_classifier.fit(X_train, y_train)
```

Out

```
LogisticRegression
LogisticRegression(max_iter=1000,random_state=0)
```

学習したモデルを用いて、テストデータで評価を行います。scikit-learn にはさまざまな評価用の関数が定義されていますが、ここでは網羅的に分類結果を確認することができる classification_report() を利用します。

In

```
# 評価データに対する推論
X_test = splitted_data.x[splitted_data.test_mask].numpy()
y_true = splitted_data.y[splitted_data.test_mask].numpy()
y_pred = baseline_classifier.predict(X_test)

# 評価結果の表示
print(classification_report(y_true, y_pred))
```

Out

```
              precision    recall  f1-score   support

           0       0.71      0.64      0.67       149
```

```
           1       0.76      0.69      0.72        84
           2       0.88      0.85      0.86       171
           3       0.74      0.87      0.80       325
           4       0.71      0.71      0.71       153
           5       0.69      0.67      0.68       121
           6       0.70      0.47      0.57        80

    accuracy                           0.75      1083
   macro avg       0.74      0.70      0.72      1083
weighted avg       0.75      0.75      0.74      1083
```

クラスごとの適合率 precision、再現率 recall と全体の分類性能としての正解率 accuracy などの指標が一覧で確認できました。評価データ全体の 75% が正しく分類できていそうということがわかります。

続いて、ネットワークから学習したノードの分散表現 embedding_matrix を既存の特徴量 Data.x に結合して、同様の手順で学習、評価を行います。特徴量を結合する操作は、PyTorch の cat() を利用することで容易に行うことができます。

In

```
# ノードの分散表現を特徴量に加えたロジスティック回帰モデルの学習
n2v_classifier = LogisticRegression(
    max_iter=1000,
    random_state=0,
)
X_train = torch.cat(
    (
        splitted_data.x[splitted_data.train_mask],
        embedding_matrix[splitted_data.train_mask],
    ),
    dim=1,
).detach().numpy()
y_train = splitted_data.y[splitted_data.train_mask].numpy()
n2v_classifier.fit(X_train, y_train)
```

Out

```
          LogisticRegression
LogisticRegression(max_iter=1000,random_state=0)
```

テストデータでも同じように特徴量を結合し、分類精度を確認します。

In

```
# テストデータに対する推論
X_test = torch.cat(
    (
        splitted_data.x[splitted_data.test_mask],
        embedding_matrix[splitted_data.test_mask],
    ),
    dim=1,
).detach().numpy()
y_true = splitted_data.y[splitted_data.test_mask].numpy()
y_pred = n2v_classifier.predict(X_test)

# 評価結果の表示
print(classification_report(y_true, y_pred))
```

Out

```
              precision    recall  f1-score   support

           0       0.74      0.67      0.70       149
           1       0.83      0.75      0.79        84
           2       0.92      0.92      0.92       171
           3       0.78      0.84      0.82       325
           4       0.77      0.78      0.78       153
           5       0.78      0.74      0.76       121
           6       0.77      0.64      0.70        80

    accuracy                           0.80      1083
   macro avg       0.80      0.77      0.78      1083
weighted avg       0.80      0.80      0.80      1083
```

ノードの分散表現を利用しない場合と比べると、正解率（accuracy）が5ポイントほど上昇していることがわかります。また、すべてのクラスで分類性能が向上しています。このことから、論文の技術領域予測では、キーワードの有無だけでなく、論文の引用関係から構成されるネットワーク構造も有用な特徴量として機能することがわかります。また、上記の実装例で示したように、ノード埋め込みを用いると、論文の引用関係のような複雑な特徴をベクトルに押し込んで、ロジスティック回帰のような代表的な機械学習モデルの入力として利用できるようになります。

5.5 本章のまとめ

本章では、ネットワークデータに対する代表的な教師なし学習の技術として、ノード埋め込みを行うためのアルゴリズムを紹介しました。ノード埋め込みにより、ノードの特徴を反映させたベクトル表現を獲得し、ノード分類やリンク予測の性能を高めたり、コミュニティ検出を行うなど、さまざまな後段のタスクへとつなげることができます。このように、使い勝手のよいベクトルが簡単に得られることは、ノード埋め込みの大きなメリットの一つです。

いくつかのアルゴリズムを紹介しましたが、それぞれに長所・短所があり、扱うデータと解きたいタスクによって相性のよいアルゴリズムは変わってきます。技術の背景を知っておくことでデータ、タスクに適した技術を最初に選択しやすくなりますが、それ以上に重要なことは、公開されているフレームワークを最大限に活用し、試行錯誤のスピードを速くすることだと考えています。PyTorch Geometricでは複数のノード埋め込みアルゴリズムを簡単に比較・検証できるため、意欲的な読者の方は積極的にチャレンジしてみてください。

続く第6章では、ノード埋め込みと並んでネットワーク機械学習の代表的な技術であるグラフニューラルネットワーク（GNN）について紹介します。第7章で紹介する応用事例でもよく利用される技術なので、本章と同様に、大枠の仕組みや具体的なアルゴリズムについていくつか紹介します。

6章

グラフニューラルネットワーク

本章では、ネットワークデータに深層学習を適用するための手法であるグラフニューラルネットワーク（GNN）について解説します。GNNは、ノード間のつながりを考慮しながら各ノードの特徴表現を学習し、社会ネットワークの分析、推薦システム、化合物構造解析など、多様な分野で目覚ましい成果を挙げています。GNNの主要な構成要素であるグラフフィルタとグラフプーリングの役割や代表的な手法を平易に解説し、PyTorch Geometricを用いたノード分類とリンク予測の実装方法も紹介します。

6.1 深層学習の発展と構造データの扱い

グラフニューラルネットワーク（Graph Neural Network；GNN）とは、ネットワーク構造をもつデータに対して深層学習（deep learning）を適用し、ノードやエッジの情報を活かして効率的に特徴を学習・表現しようとする技術です。深層学習は、脳の神経細胞（ニューロン）を模倣した機械学習アルゴリズムであり、その最も基本的な構成要素がパーセプトロンです。パーセプトロン（perceptron）は、図 6.1 のように、複数の入力（特徴量）を重み付けして足し合わせ、活性化関数（activation function）*1を通して非線形に変換し、最終的な出力を生成します。

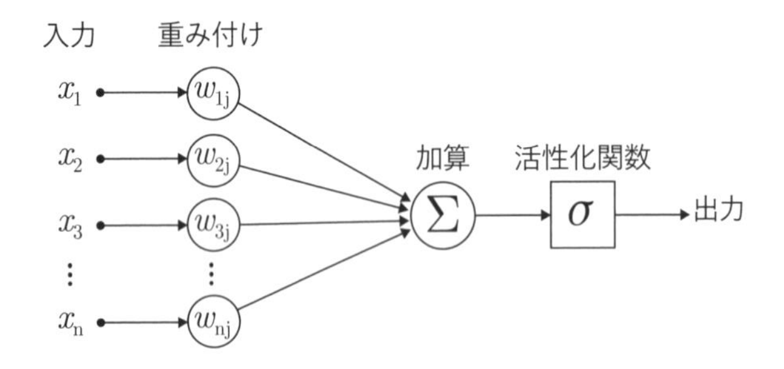

▪ 図 6.1: パーセプトロン

パーセプトロンを図 6.2 のように何層にも重ねて「深い」構造にすると、より複雑なパターンを学習・表現できるようになります。各層は入力されたデータから特定の特徴を抽出・変換し、それを後続の層へと渡すことで、徐々に高次の抽象的な特徴へと変換していきます。人間が恣意的に「どの特徴量を使うか」を設計するのではなく、予測に有効な特徴量を膨大な学習データから自動的に獲得で

＊1　活性化関数は、ニューラルネットワークに非線形性をもたらし、複雑なパターンの学習を可能にする重要な要素です。たとえば、シグモイド関数や ReLU 関数、tanh 関数などが代表的です。ここで詳細にはふれませんが、それぞれの活性化関数には特徴があり、勾配消失問題や一部のニューロンが常に 0 を出力する「dying ReLU 問題」などが発生する可能性があります。また、これらの問題を緩和するために、Leaky ReLU 関数 [65] などの発展的な活性化関数が提案されています。その他の発展的な活性化関数やそれぞれの特徴については、たとえば Dubey らによるサーベイなどが詳しいです [23]。

きる点が、深層学習の大きな強みです。これにより、複雑なパターンを含む問題であっても、柔軟に対応しやすくなります。

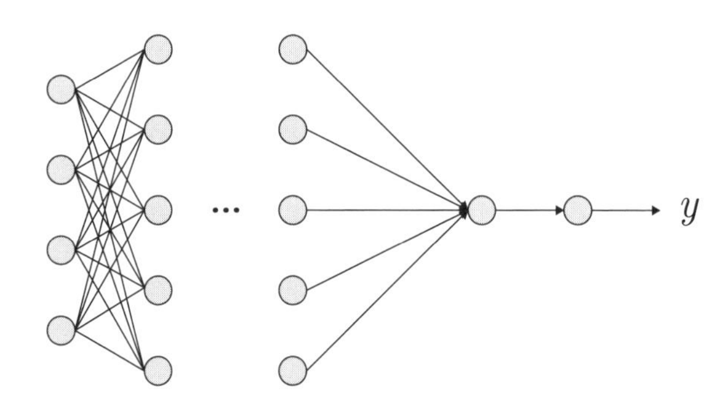

▪ 図 6.2: 深層学習のイメージ

しかし、基本的な深層学習モデルは入力の構造を明示的に扱わないため、特徴量同士の空間的な関係性や順序を直接的には取り込めません。そこで、たとえば画像認識や自然言語処理のように、「ピクセルの位置情報」や「文字の文中での順序」などデータの構造が重要なタスクでは、**畳み込みニューラルネットワーク（Convolutional Neural Network；CNN）**や**再帰型ニューラルネットワーク（Recurrent Neural Network；RNN）**といった、それぞれの構造に特化した深層学習アーキテクチャが用いられます。実際に、このようなアーキテクチャの工夫も相まって、深層学習はさまざまな構造のデータに対して適用され、著しい成果を残してきました。

ここでは、GNN との対比をイメージしやすくするため、画像を対象とする CNN を例に、データの構造を活かす学習プロセスを簡単に見てみましょう。詳細な理論や実装は他書にゆずりますが、GNN と比較しながら理解するうえで参考になるはずです。

画像は、RGB 値や輝度値をもつピクセルが 2 次元に並んだ配列として表現されます。隣接するピクセル同士は空間的に近く、そこで生じる線やテクスチャのパターンが、オブジェクトの輪郭や細部を形作っています。つまり画像データには、ピクセルの位置関係が明確であるという 2 次元の構造が存在します。

CNN は、このような 2 次元の構造を活かすために**畳み込み（convolution）**という操作を導入しています。具体的には、画像にフィルタ（畳み込みフィルタ）

と呼ばれる小さな行列を順に適用し、ピクセルの積和演算によって輪郭や角などの局所的な特徴を抽出します。さらに、操作を行う畳み込み層を何段にも重ねることで、テクスチャやオブジェクトなど、より広範囲で抽象度の高い特徴量を捉えられるようになります。

一方、計算コストや過学習（overfitting）[*2]のリスクを抑制するため、畳み込みの合間に**プーリング（pooling）**というサイズを縮小する操作も組み込まれます。プーリングでは、ある範囲内のピクセルの最大値や平均値などを代表値とすることで、データの次元削減とともに大域的な特徴の抽出を行います。結果として、CNN は「ピクセルが格子状に並んでいる」という 2 次元構造をうまく取り込みながら、画像処理の分野で高い性能を発揮しています。

さらに自然言語処理では、単語の並び順という 1 次元の構造を捉えるために、単語や文字の順序を考慮できる **RNN** や、RNN に代わる手法として注目を集める **Transformer**[*3]系のモデルが活躍しています。これらはいずれも、データのもつ空間的・時間的な構造をどのようにモデルへ反映させるかが鍵となっています。

ネットワーク（グラフ）も画像や言語と同様に「構造をもつデータ」ですが、深層学習の適用は比較的遅れました。その理由の一つに、ネットワーク構造の取り扱いの難しさが挙げられるでしょう。画像や言語は、ピクセルや文字の値が規則的に並んだ配列として表現できます。画像ではピクセルが上下左右に、言語は文字が一定方向へと 1 列に規則的に並んでいるため、「周辺要素がどこにあるか」がはじめから明確になっています。一方のネットワークデータでは、ノードとノードの隣接関係は任意であり、どのノードがどのノードとつながっているかに一切の規則性はありません。

このように、不規則な隣接関係をもつネットワーク構造を扱うには、画像やテキスト用に設計された従来の深層学習アーキテクチャをそのまま適用するのが難しいという問題がありました。そこで近年、ネットワークデータの構造を直接捉えるための手法として登場したのが GNN です。GNN は、ノードやエッジの情報を効率的に学習に組み込み、ノードごとの特徴量を更新し合う仕組みをもっています。その結果、ノードとノードのつながり方によって潜在的に生じるパター

＊2　過学習とは、学習時に用いたデータの特徴（あるいはそのノイズ）にモデルが過度に適合してしまい、未知のデータに対する予測性能（汎化性能）が低下してしまう現象を指します。

＊3　RNN の問題点（例えば長い文脈への対応など）を克服するために、後述する自己注意機構（self-attention）を導入した手法が Transformer です。自然言語処理の分野で高い性能を発揮し、現在では音声処理や画像認識など多方面にも応用されています。

ンを捉えやすくなり、画像や言語とは異なるタイプの構造データの処理においても高い性能を発揮できるようになりました。

6.2 GNNのフレームワーク

ネットワークデータへの深層学習の適用を考えるうえで重要なのは、ノードの特徴量を表データのように別個に扱うだけでは不十分で、各ノードのつながりやネットワーク全体の構造を同時に考慮する必要がある点です。このためにGNNでは、主に**グラフフィルタ（graph filtering）**と**グラフプーリング（graph pooling）**という処理を利用して、ネットワーク内のノード同士の関係をモデルに反映します。

グラフフィルタでは、各ノードの特徴量を、他のノードの特徴量や構造を考慮しつつ更新する操作が行われます。後述する**グラフ畳み込み（graph convolution）**も、このグラフフィルタの一つであり、画像領域における畳み込みフィルタと同じような処理を行います。このようなグラフフィルタを通じて得られる大きな利点は、「元のネットワーク構造を維持しながら各ノードの特徴を逐次アップデートできる」ことです。ノード単位の予測を行う際は、グラフフィルタのみを複数層重ねることで、十分にノード周辺の構造情報を取り込めるようになります。

一方、グラフプーリングは、CNNにおけるプーリングと同じように、複数のノードの特徴量を集約してより抽象度の高い特徴量を得る操作です。具体的には、隣接するノードをまとめて一つの「代表ノード」として扱う、あるいは重要度の低いノードを間引くなどの方法により、ネットワーク構造を段階的に単純化し、それに対応するノード特徴量も集約することが可能になります。プーリング後のネットワークは、元のネットワークよりも粗い構造となり、ノード数が減る分だけ計算負荷を下げつつ、ネットワーク全体の大まかな特徴を捉えやすくなります。こうした操作は、ネットワーク単位の分類や、ネットワーク全体に関する回帰タスク（たとえば分子の機能予測など）で広く用いられています。また、グラフフィルタと組み合わせることで、各ノードの特徴量を更新しながら、段階的に特徴を集約し、最終的には一つのネットワークに対して一つの値を出力する構成を実現することができます。

第4章でも整理したように、ネットワークの機械学習タスクには、大きく分けてノード単位、エッジ単位、ネットワーク単位の三つがあります。ノード単位のタスクやエッジ単位のタスクには、ネットワーク構造を変化させないグラフフィルタのみが主に用いられます。一方で、ネットワーク単位のタスクでは、グラフフィルタに加えて、グラフプーリングによる特徴の集約を段階的に行い、最終的に一つのネットワークを一つのベクトル（あるいはスカラー）で表現します。図6.3にノード単位のタスクとネットワーク単位のタスクでのGNNの構成イメージを示します。

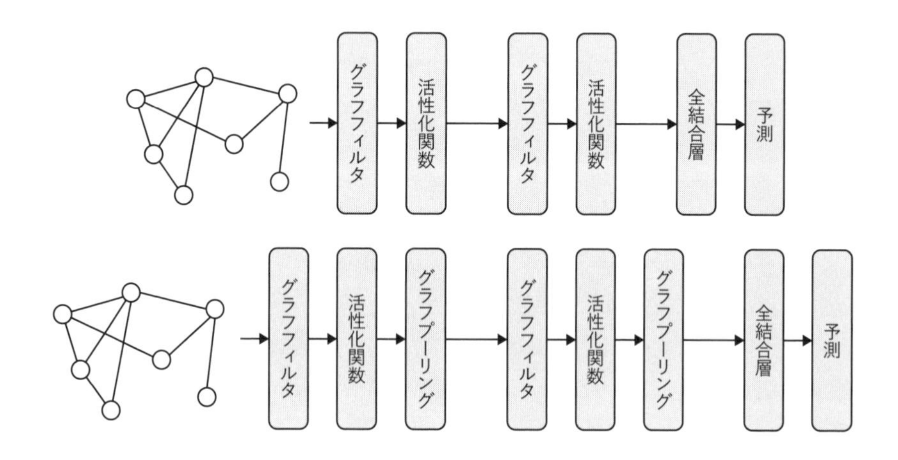

▪図6.3: ノード単位のタスクにおけるGNNの適用例（上）とネットワーク単位のタスクにおけるGNNの適用例（下）。

エッジ単位のタスクでは、二つのノード間の関係を予測する必要があるため、ノード単位タスクとは少し異なる工夫が求められます。たとえば、ノード単位のタスクと同様にグラフフィルタで各ノードの中間表現を得たあと、その中間表現をノードの組み合わせごとに結合して、エッジに対応するラベルやスコアを推定するといった方法が考えられます。

以上のように、GNNはグラフフィルタとグラフプーリングを中心に構成され、扱いたいタスク（ノード・ネットワーク・エッジ単位）に応じてその組み合わせ方が異なります。次節では、これら二つの主要な構成要素について、もう少し詳細に掘り下げて解説していきます。

6.2.1 グラフフィルタの概要

前述のとおり、グラフフィルタは各ノードの特徴量とネットワーク構造に基づいて特徴量を更新していく操作のため、入力と出力のネットワーク構造は変わりません。

グラフフィルタには多くのバリエーションがありますが、大まかには**空間ベース**（spatial）の手法と**スペクトルベース**（spectral）の手法に大別されます。それぞれ次節で詳細に紹介しますが、空間ベースのグラフフィルタは、ノード間の接続関係を利用して、周辺ノードの特徴量を取り込みながら更新していきます。一方、スペクトルベースのグラフフィルタでは、音声や画像処理で用いられるフーリエ変換の概念をネットワークにも拡張し、より重要な周波数領域に着目した成分を取り出すことで、特徴量の更新を行います。ここでは、第 5 章で扱ったグラフラプラシアンやその固有ベクトル、グラフフーリエ変換の技術が応用されます。

空間ベースのグラフフィルタのイメージを図 6.4 に示しました。図では黒塗りのノードに着目し、自身のノードと近傍ノードの l 層目への入力（特徴量）を集約することを矢印で表しています。更新結果は l 層目から $l+1$ 層目へと伝わり、次の層でさらに周辺ノード情報を取り入れるステップなどが続きます。最も単純な例としては、「自ノード ＋ 近傍ノードの特徴量を平均する」だけでも一種のフィルタとなりえますが、さらに学習パラメータ（重み付け）を導入することで、後述の**グラフ畳み込み**に発展します。

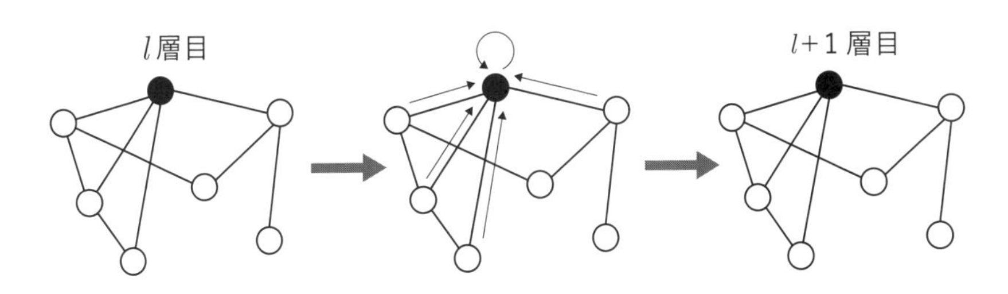

▪ 図 6.4: 空間ベース（spatial）のグラフフィルタのイメージ

続いて、スペクトルベースのグラフフィルタのイメージを図 6.5 に示しました。ノードの特徴量を前章で紹介した**グラフフーリエ変換**を用いて特徴量を「周波数領域」でフィルタリングします。図 6.5 では、左側でノードの特徴量をスペクトル領域へ変換し、特定の周波数 λ の成分を重み w で強調・抑制したうえで、右側の空間領域に逆変換する流れを示しています。これにより、「なめらかな成分」「高周波成分」など、周波数ごとの寄与をコントロールしながらノード特徴量を更新できます。

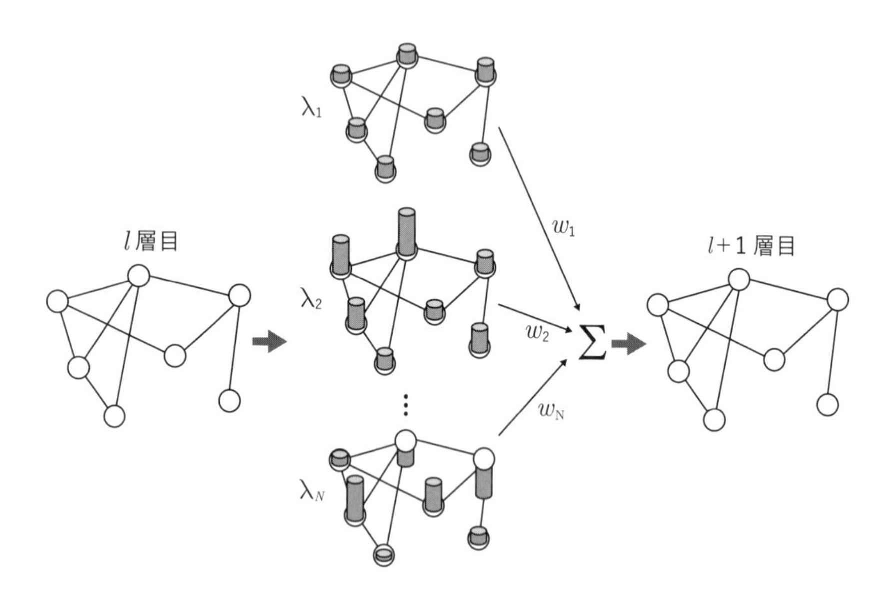

▪ 図 6.5: スペクトルベース（spectral）のグラフフィルタのイメージ

後の 6.3 節では、まずスペクトルベースのグラフフィルタを解説し、それが元のネットワーク空間ではどのように解釈できるかを説明します。その後、さまざまな空間ベースのグラフフィルタを紹介します。

6.2.2　グラフプーリングの概要

グラフフィルタと異なり、グラフプーリングは、複数のノードをまとめてより粗いネットワークを生成し、それに対応して抽象度の高い特徴量を得る操作でした。そのイメージを図 6.6 に示します。

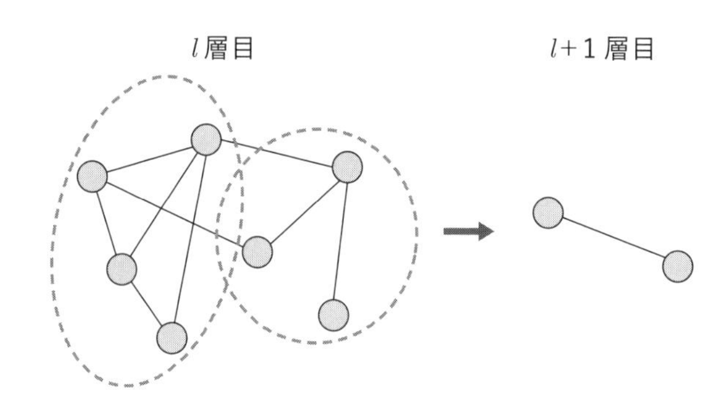

▪ 図 6.6: グラフプーリングのイメージ

最もシンプルな方法としては、ネットワーク内の全ノードの特徴をまとめて一つのベクトルに集約するプーリングが挙げられます。特徴ごとに全ノードの最大値をとる**最大値プーリング（max-pooling）**や（加重）平均値をとる**平均値プーリング（average-pooling）**などがあります。これらのプーリングはネットワーク構造をまったく考慮しないため、ネットワーク単位のタスクの最終層付近で用いられることが多いです。

一方で、ネットワーク構造をある程度保持しながら、段階的に粗いネットワークを生成する「階層型」のグラフプーリング手法も数多く提案されています。大きく分けると、複数のノードをクラスタリングして一つにまとめる方法と、代表的なノードを選択することで一部のノードだけを残す方法があります。ネットワーク構造をある程度保ちながら解析を進めたい理由は、ノード同士の隣接関係が失われると、ネットワークのもつ構造的特徴を十分に活かせなくなるためです。より粗いネットワークへと構造を崩してしまうと本来捉えたかった関係性が失われるおそれがあるため、解析のどの段階でどのように構造を簡略化するかは重要な設計上のポイントです。

ここからは、階層型のグラフプーリングのうち、代表的なものをいくつか紹介します。

Top-k プーリング

Top-k プーリング [33] は、各ノードに対してスコアを計算し、そのスコアが高い上位 k 個のノードを残す手法です。シンプルなアルゴリズムであるため計算効率が良く、大規模なグラフデータセットにも適用しやすいのが利点です。PyTorch Geometricでは`torch_geometric.nn.pool.TopKPooling`*4で実装されており、簡単にネットワークに追加できます。

SAGPool

SAGPool（Self-Attention Graph Pooling）[57]は、6.3節で後述する自己注意機構（self-attention）*5メカニズムを用いてノードの重要度を測定し、上位 k 個のノードを残す方法です。自己注意機構によってネットワークの構造情報とノードの特徴量を同時に考慮するため、シンプルなTop-k プーリングよりも精度が向上する場合があります。PyTorch Geometricでは`torch_geometric.nn.pool.SAGPooling`*6で実装されています。

DiffPool

DiffPool（Differentiable Pooling）[114]は、階層的にネットワークを縮約していくプロセスそのものを「微分可能な形で学習」できる手法です。各層では、ノードがどのクラスタに割り当てられるかを示す行列（割り当て行列）と、そのクラスタ自体の特徴ベクトルを同時に学習し、クラスタリング結果を使って続く層での縮小されたネットワークを生成します。この一連の処理をモデル全体でまとめて（いわゆるend-to-endで）学習できることが特徴です。PyTorch Geometricでは`torch_geometric.nn.dense.dense_diff_pool`*7で実装されています。

以上のように、グラフプーリングにはさまざまな手法があります。6.7節での実装パートでは、ネットワーク単位の機械学習タスクを扱わないため、グラフプーリングについてこれ以上の紹介は行いませんが、ネットワーク単位のタスクに着手される際は、計算資源や検証データでの精度をもとに手法を選択するとよいでしょう。

＊4　https://pytorch-geometric.readthedocs.io/en/2.3.1/generated/torch_geometric.nn.pool.TopKPooling.html

＊5　複数の要素（ノードや単語など）同士の関連度合いを学習し、重要度に応じて重み付けする仕組みです。Transformer系モデルなどで広く使われます。

＊6　https://pytorch-geometric.readthedocs.io/en/2.3.1/generated/torch_geometric.nn.pool.SAGPooling.html

＊7　https://pytorch-geometric.readthedocs.io/en/2.3.1/generated/torch_geometric.nn.dense.dense_diff_pool.html

6.3 グラフ畳み込みネットワーク

GNN は大きく空間的アプローチとスペクトル的アプローチに分けられると前述しました。

- 空間的アプローチ：
  ノードとその近傍ノードの特徴量を直接集約しながら特徴を更新していく
- スペクトル的アプローチ：
  グラフラプラシアンの固有ベクトルにもとづくグラフフーリエ変換（GFT）を活用し、周波数領域でフィルタリングを行う

グラフ畳み込みネットワーク（Graph Convolutional Network；GCN）は、もともと**スペクトル的アプローチ**を簡略化して提案された手法 [50] ですが、結果的には空間的アプローチとスペクトル的アプローチを橋渡しする仕組みとしても理解できます。本節では、まず空間ベースおよびスペクトルベースの初期の手法を簡単に振り返ったうえで、もっとも広く使われている GCN フィルタの考え方を説明します。

6.3.1 初期の GCN フィルタ

空間ベースの GNN の基本的なアイデアは、21 世紀の初頭にすでに提案されていました [91, 90]。その発想は「ノードと隣り合うノードの特徴量を反復的に集約し、ノードの状態を更新する」というものです。これにより、ネットワーク構造（隣接関係）と近傍ノードの特徴量を考慮しながらノード表現を変換できますが、反復回数が増えると**過剰平滑化**（over-smoothing）と呼ばれる問題が起こりやすくなります。全ノードの特徴量が均質化しすぎて、区別がつかなくなる状況です。さらに、大規模ネットワークでは、各反復で全ノードを更新する計算が重くなるという欠点がありました。

この初期の GNN のアイデアを深層学習に適用すると、第 $l+1$ 層目におけるノード v の特徴量（埋め込みベクトル）$\boldsymbol{h}_v^{(l+1)}$ は式 (6.1) のように表せます。

$$\boldsymbol{h}_v^{(l+1)} = \sigma\left(\boldsymbol{W}^{(l+1)}\mathrm{AGG}\left(\{\boldsymbol{h}_u^{(l)} | u \in \mathcal{N}(v)\}\right)\right), \tag{6.1}$$

ここで、$\mathcal{N}(v)$ はノード v の近傍ノードの集合であり、$\{\boldsymbol{h}_u^{(l)}|u \in \mathcal{N}(v)\}$ はその全要素についての特徴量の集合です。また、AGG($\cdot$) は近傍ノードの特徴量を集約する関数（平均や和など）、$\boldsymbol{W}^{(l)}$ は学習可能なパラメータ行列、$\sigma(\cdot)$ は活性化関数（ReLU など）です。こうして各層で近傍ノードの情報を取り入れながら更新を繰り返す方法が、初期の GNN の原型といえます。

6.3.2　スペクトルベースの GCN フィルタ

スペクトルベースのグラフフィルタは、空間ベースとは異なりネットワークの特徴量を周波数領域を使ってフィルタリングするアプローチです。まずは最も基本的な GSF（Graph Spectral Filtering）について紹介します。GSF の主な操作は、(1) 第 5 章でも扱った**グラフフーリエ変換**を用いてノードごとの特徴量を「周波数領域」に分解し、(2) 不要な周波数成分を弱めたり、必要な成分を強めたり（フィルタリング）し、(3) 最後に逆変換をして、元のノード単位の特徴量に戻すという操作からなります。

これは、音声データで高周波の雑音を抑えるローパスフィルタやバンドパスフィルタといった処理とよく似た発想です。音声処理の場合はノイズを除去して「なめらかな波形」を残すために高周波成分をカットしますが、ネットワークの場合は「近くにあるノード同士で似た特徴をもつ」ような低周波成分を強調するイメージです。

どの周波数が重要かは事前にはわからないので、フーリエ係数（周波数ごとの重み）を学習パラメータにして、通常の深層学習のように end-to-end で最適化できます。しかし、フーリエ変換後の次元がノード数に依存するため、「大規模ネットワークでは膨大なパラメータを学習する必要がある」「大きな行列を扱う計算が非常に重くなる」という問題が出てきます。

これを解決するため、周波数ごとの重みを多項式で近似し、パラメータ数を「多項式の次数 +1」に抑えるという PolyFilter [19] が提案されました。たとえば多項式が 3 次なら、ネットワークの規模にかかわらず四つの係数を学習すれば済む計算になります。さらに、多項式の次数 k で切り取ることは、空間的に見て対象ノードから k ステップ以内にあるノードの特徴量を考慮しているとみなせることがわかっており、スペクトルベースでありながら空間ベースの考え方としても捉えられます [19]。つまり、このフィルタは k 次の近傍を考慮する空間ベースのフィルタとしても解釈できます。

多項式近似を取り入れたことでGCNフィルタは効率よく動くようになりましたが、別の問題として「多項式の基底が直交していない（互いに独立でない）」という点がありました。多項式係数同士が影響し合うことで、学習中に少し誤差が生じただけでも不安定になりやすいのです。そこで、直交基底をもつチェビシェフ多項式を使ってフィルタを近似するChebNetが提案されました[19]。ChebNetはPyTorch Geometricでは`torch_geometric.nn.conv.ChebConv`[*8]として実装されており、これによって学習の安定性が向上します。

6.3.3 GCNフィルタ

GCNフィルタ[50]は、チェビシェフ多項式近似によるフィルタをより簡略化し、多項式の係数を$k=1$としたものです。これはスペクトル領域で見ると1次の多項式にあたるため、空間的な観点からいえば各ノードの最近傍のみを考慮していることになります。具体的には、GCNフィルタの更新式は式(6.2)のように表せます。

$$\boldsymbol{H}^{(l+1)} = \sigma\left(\tilde{\boldsymbol{D}}^{-1/2}\tilde{\boldsymbol{A}}\tilde{\boldsymbol{D}}^{-1/2}\boldsymbol{H}^{(l)}\boldsymbol{W}^{(l+1)}\right), \tag{6.2}$$

ここで、$\tilde{\boldsymbol{A}} = \boldsymbol{A} + \boldsymbol{I}$は自己ループを付与した隣接行列、$\tilde{\boldsymbol{D}}$は$\tilde{\boldsymbol{A}}$の次数行列、$\boldsymbol{H}^{(l)}$は$l$層におけるすべてのノード表現をまとめた行列（各行が$\boldsymbol{h}_v^{(l)}$に対応）、$\boldsymbol{W}^{(l+1)}$は学習パラメータ行列です。1次の近傍のみを考慮することに加え、隣接行列$\tilde{\boldsymbol{A}}$が$\tilde{\boldsymbol{D}}$で正規化されているのが大きな特徴です。これにより、$\tilde{\boldsymbol{A}}$は各ノードがもつ次数で正規化され、学習がより安定します。フィルタ層と活性化関数を重ねていくGNNの仕組みを考慮すると、$k=1$に制限したGCNフィルタが効果的であった背景には、たとえ多項式による制限を用いても、表現力が過剰になりすぎるという点が考えられます。

GCNフィルタは、PyTorch Geometricでは`torch_geometric.nn.conv.GCNConv`[*9]として実装されています。

---

*8 https://pytorch-geometric.readthedocs.io/en/2.3.1/generated/torch_geometric.nn.conv.ChebConv.html#torch_geometric.nn.conv.ChebConv

*9 https://pytorch-geometric.readthedocs.io/en/2.3.1/generated/torch_geometric.nn.conv.GCNConv.html#torch_geometric.nn.conv.GCNConv

6.4 GraphSAGE

ここまで扱ってきたグラフフィルタは、主にネットワーク構造がすべて既知であることを前提としていました。つまり、すべてのノードやエッジが観測されており、その特徴量や関係もわかっている場合を想定しているのです。しかし実際には、新たにSNSに参加したユーザの属性を推定するように、予測対象のノードが観測されていないケースも少なくありません。

このような状況を解決するための手法として、**GraphSAGE（SAmple and aggreGatE）**[37]が提案されています。GraphSAGEは、訓練データで観測されていないノードに対する予測を可能にするためのグラフフィルタリングの手法であり、以下の三つのステップからなります。

1. 近傍ノードを確率的に抽出する
2. 抽出した近傍ノードから特徴量を集約する
3. 集約した特徴量を自ノードの特徴量と結合し、次の層への入力とする

数式では、$l+1$ 層でノード v の表現を更新する過程を式(6.3)のように記述できます。

$$\boldsymbol{h}_v^{(l+1)} = \sigma\left(\boldsymbol{W}^{(l+1)}\mathrm{AGG}\left(\{\boldsymbol{h}_u^{(l)} | u \in \tilde{N}(v)\}\right) || \boldsymbol{h}_v^{(l)}\right), \tag{6.3}$$

ここで、$\tilde{N}(v)$ はノード v の近傍から確率的にサンプリングした一部のノード集合、$||$ はベクトルの連結（concatenation）を表す演算子です。

ステップ2では、近傍ノードの特徴をどのように集約するかを決める $\mathrm{AGG}(\cdot)$ の選択が重要になります。GraphSAGEでは、シンプルに平均をとる**mean aggregator**の他に、LSTM aggregatorとpooling aggregatorという3種類の集約方法が提案されています。**LSTM aggregator**は、選ばれた近傍ノードをある順番で並べて系列として扱い、LSTM（Long Short-Term Memory）というRNNの枠組みを適用します。特殊な状況を除けばノードの並び順に自然な規則はなく、通常はランダムに並べられます。しかし、先行研究における実験では、ネットワークの種類によっては他の手法よりも高い性能を示す場合があると報告されています[37]。一方で、系列の並び順に意味がないケースが多いことから、

LSTM を使うメリットが必ずしも得られるわけでもなく、モデルが過度に複雑化する懸念も持ち上がります。そうした理由からも mean aggregator や pooling aggregator を用いる方が、より単純で扱いやすく、有効であることが多いと想定できそうです。

また、**pooling aggregator** は選択されたノードの特徴を最大値プーリングする処理を行います。周辺に強い特徴をもつノードがある場合、それが代表的な情報として反映されるため、特定の領域が強調されやすくなるという直感的なメリットがあります。

GCN と比較して、GraphSAGE の特徴は大きく二つあります。第一に、畳み込みの際に「すべての隣接ノードの情報」を参照するのではなく、確率的にサンプリングしたノードだけを用いるという点です。第二に、そもそもネットワークの構造が完全には定まっていなくても、近傍の特徴をどう集約するかという関数を学習できる設計になっているため、観測されていないノード（これから登場するノード）についてもある程度性質を推測できる点です。たとえば SNS における新規ユーザの接続先ノードが少なくても、既存の学習済みモデルを使って推定を行うことができるというわけです。

このように、GraphSAGE は既存の GNN が前提としてきた「完全に観測されたネットワーク」という枠組みを広げ、まだ見ぬノードに対しても予測を行えるという点で大きな意義を持っています。予測対象ノードが観測されていない場面が多い実世界のアプリケーションでは、とりわけ有用な手法といえます。

GraphSAGE フィルタは、PyTorch Geometric では `torch_geometric.nn.conv.SAGEConv`*[10] として実装されています。

6.5 GAT フィルタ

GCN の構造は画像処理における CNN から着想を得て設計されてきましたが、後に登場した Attention（注意機構）によって、画像処理や自然言語処理はさらに大きく前進しました。注意機構は、その名の通りどこに注目して変換処理を行うべきかを明示的に学習する仕組みです。もともとは自然言語処理の機械翻訳において提案され、翻訳前の言語と翻訳後の言語の単語間にある意味的な対応づけ

*10 https://pytorch-geometric.readthedocs.io/en/2.3.1/generated/torch_geometric.nn.conv.SAGEConv.html

を学習する際に、「ソース文のどの単語に注意を向けてターゲット文の単語を生成するか」を制御できるようにしたことで、翻訳の精度を飛躍的に向上させました（図6.7）。

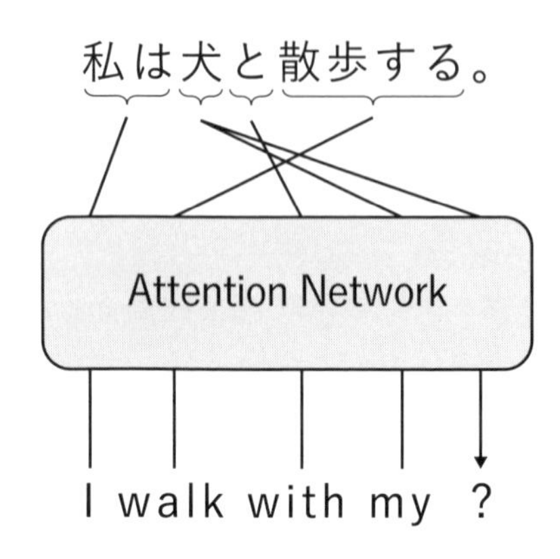

▪図 6.7: 機械翻訳における注意機構のイメージ

この注意機構の汎用性は高く、画像分類にも適用されています。たとえば犬と猫の区別をする際には、画像から得られる「画像特徴マップ」（画像上の各領域の特徴が行列として格納されたもの）をもとに、「どの領域に注目すべきか」を自ら計算し、動物らしい特徴がある部分を強調して識別を行うことで、より高い精度を得られるようになります。このように、同じデータ内部の情報同士が相互に注意し合う仕組みは自己注意機構（self-attention）とも呼ばれます。

各分野で高い性能を示した注意機構は当然GCNにも取り入れられ、**Graph Attention Network（GAT）**[106] が提案されました。GATでは、自己注意機構をネットワークデータ上で適用することで、ノード間の複雑な相互作用をきめ細かく捉えられます。大きな特徴として、ノードごとに「どの近傍ノードからどれだけ情報を得るか」が異なる重み（注意スコア）を学習するため、単純な平均や和ではなく、各ノードが必要な情報だけを柔軟に集約できる点が挙げられます。

具体的には、GATはまず各ノードが近傍ノードごとに重みを計算し、それぞれのノードがどの近傍の情報を重視するかを測ります。続いて、そのスコアを用いて近傍ノードの特徴を合算または統合し、最終的に当該ノードの新しい表現を得ます。これにより、たとえば社会ネットワーク上では図 6.8 のように、一部の友人からの影響を強く、その他の友人からの影響を弱く反映するといった調整が自動で行われます。すべての近傍ノードを等しく扱うわけではないため、関係性が複雑な場面ほど GAT の柔軟性が大きく活きるのです。

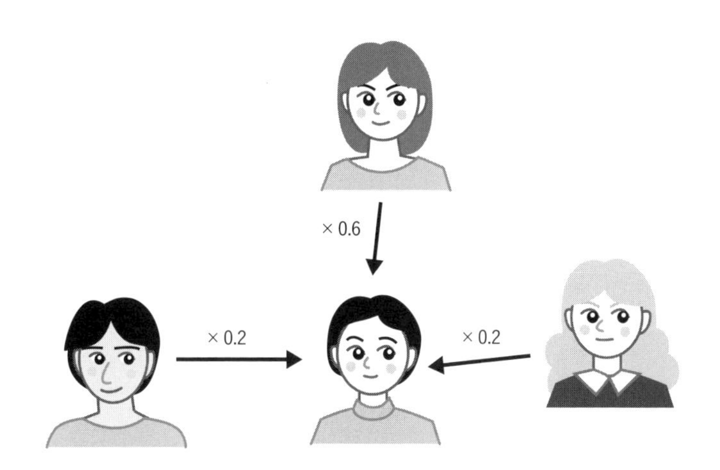

▪ 図 6.8: Graph Attention Network のイメージ

GAT では、まず各ノード i とその近傍ノード $j \in \mathcal{N}(i)$ の間で、式 (6.4) のような注意スコア $e_{ij}^{(l+1)}$ と、その重み $a_{ij}^{(l+1)}$ を計算します。

$$\begin{aligned} e_{ij}^{(l+1)} &= \mathrm{LeakyReLU}\left(\boldsymbol{a}^{(l+1)\top}\left[\boldsymbol{W}^{(l+1)}\boldsymbol{h}_i^{(l)} || \boldsymbol{W}^{(l+1)}\boldsymbol{h}_j^{(l)}\right]\right), \\ \alpha_{ij}^{(l+1)} &= \mathrm{softmax}_j\left(e_{ij}^{(l+1)}\right) = \frac{\exp\left(e_{ij}^{(l+1)}\right)}{\sum_{k \in \mathcal{N}(i)} \exp\left(e_{ik}^{(l+1)}\right)}. \end{aligned} \tag{6.4}$$

ここで、$\boldsymbol{a}^{(l+1)}$ は注意機構の内部で用いる学習可能なベクトルで、LeakyReLU は活性化関数の一種です。また、注意スコア $\alpha_{ij}^{(l+1)}$ を用いて、ノード i の $l+1$ 層における特徴量 $\boldsymbol{h}_i^{(l+1)}$ は式 (6.5) のように表せます。

$$\boldsymbol{h}_i^{(l+1)} = \sigma\left(\sum_{j \in \mathcal{N}(i)} \alpha_{ij}^{(l+1)} \boldsymbol{W}^{(l+1)} \boldsymbol{h}_j^{(l)}\right). \tag{6.5}$$

このように、近傍ノードからの寄与をすべて同等とするのではなく α_{ij} に応じて加重和を計算し、さらに活性化関数を通すことで、ノードごとの文脈（どの近傍を重視するか）を動的に決定できる仕組みになっています。

GAT フィルタは、PyTorch Geometric では `torch_geometric.nn.conv.GATConv`*11*12として実装されています。

6.6 Relational GCN

ネットワークデータの中には、エッジはノードとノードを単純に接続するだけでなく、知識グラフのようにノード間の関係を示す情報をもつことがあります。たとえば、SNS のネットワーク上でユーザとコミュニティをノードとした場合、「友達としてのユーザ同士のつながり」を示すエッジだけでなく、「ユーザのコミュニティへの所属」を示すエッジの存在も考えられます。**Relational GCN（R-GCN）**[93] は、このようなグラフ上のエッジの種類を扱えるように GCN を拡張した技術です。

基本的な考え方としては、従来の GCN が「すべてのノードのペアに対して同じ変換」を行うのに対し、R-GCN では「エッジの種類（リレーション）の違いに応じた異なる変換」を学習します。たとえば SNS でユーザがある広告をクリックするかどうかを予測したい場合、ユーザ同士の友人関係よりも、「どんなコミュニティに所属しているか」を示すエッジのほうが、購買行動の把握に有効な情報を含んでいる可能性があります。リレーションによって重要な特徴や伝搬の仕方が異なるときでも、R-GCN を用いればエッジの種類ごとに個別の変換を学習できるため、より適切にノード間の関係をモデル化できるようになるのです。

R-GCN は一見シンプルな拡張のように見えますが、この仕組みのおかげで知識グラフをはじめとする、多様な現実世界のネットワークに GCN の強みを活用できるようになりました。実際、さまざまな種類の関係性をもつ大規模ネットワークを扱うタスクで高い性能を示す例が報告されており、R-GCN は GCN の応用範囲を大きく広げる鍵となっています。

---

*11 `https://pytorch-geometric.readthedocs.io/en/2.3.1/generated/torch_geometric.nn.conv.GATConv.html`

*12 GAT の注意機構の計算を改良した GATv2[16] も提案されており、PyTorch Geometric では `torch_geometric.nn.conv.GATv2Conv` として実装されています。

6.7 GNN の実装

本節では、GNN（Graph Neural Network）を使ったノード分類タスク（論文の技術領域の分類）とリンク予測タスク（論文の引用関係の予測）を順番に行います。前章で扱った Cora データセットを再利用し、PyTorch Geometric を用いた実装例を紹介します。実装の全体像を図 6.9 に示しました。

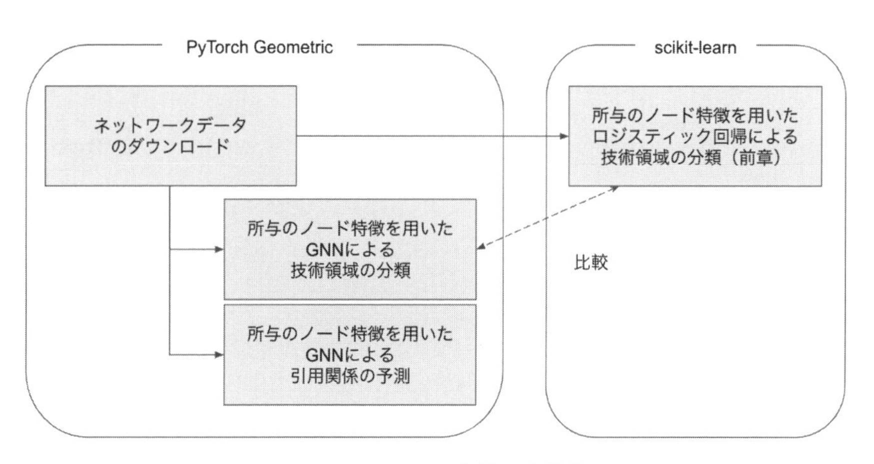

▪ 図 6.9: GNN 実装の全体像

ここでも、Google Colaboratory の環境を想定し、以下のコードで PyTorch や PyTorch Geometric などの依存ライブラリをインストールします。

In

```
# 依存ライブラリのインストール
!pip uninstall -y fastai torch torchaudio torchdata torchtext \
    torchvision

!pip install torch==2.0.0+cpu --index-url \
    https://download.pytorch.org/whl/cpu

!pip install torch-cluster torch-scatter torch-sparse \
    -f https://data.pyg.org/whl/torch-2.0.0+cpu.html
```

```
# 必要なライブラリのインストール
!pip install torch-geometric==2.3.1
```

まずは、第5章と同様に、必要なライブラリのインポートおよび、論文の引用ネットワークデータセットのダウンロード、データの前処理を行います。

In

```
# 必要なライブラリのインポート
from torch_geometric.datasets import Planetoid

# torch_geometric の Dataset としてダウンロード
dataset = Planetoid(root="./dataset", name="Cora", split="full")
```

In

```
from torch_geometric.transforms import RandomNodeSplit

# ノードを学習データとテストデータに分割
node_splitter = RandomNodeSplit(
    split="train_rest",
    num_splits=1,
    num_val=0.0,
    num_test=0.4,
    key="y",
)
splitted_data = node_splitter(dataset._data)
print(splitted_data.node_attrs())
print(splitted_data.train_mask)
print(splitted_data.test_mask)
```

Out

```
['test_mask', 'x', 'train_mask', 'val_mask', 'y']
tensor([ True, False,  True, ..., False, False,  True])
tensor([False,  True, False, ...,  True,  True, False])
```

Data オブジェクトの要素である train_mask と test_mask の情報が出力から確認できます。これにより、どのノードが学習用データとして使われ、どのノードがテスト用データとして使われるかを確認できます。

6.7.1 GNNによる論文の技術領域の分類

まずは、GCN（Graph Convolutional Network）を用いたノード分類を行います。GCNは隣接関係を利用し、ノードの特徴を伝搬させながら新しい特徴ベクトルを学習するモデルです。PyTorch Geometric では GCNConv クラスを介して、GCNによる変換を簡単に実装できます。ここでの主要なパラメータは、中間層の次元数を示す projection_dim のみです。入力する特徴量の次元数を示す num_node_features や分類するクラス数を示す num_classes は学習データに応じて決定されます。

In
```
import torch
import torch.nn.functional as F
from torch_geometric.data import Data
from torch_geometric.nn import GCNConv

# GCN モデルの定義
class GCN(torch.nn.Module):
    def __init__(
        self,
        num_node_features: int,
        projection_dim: int,
        num_classes: int,
    ) -> None:
        super().__init__()
        self.conv1 = GCNConv(num_node_features, projection_dim)
        self.conv2 = GCNConv(projection_dim, num_classes)

    def forward(self, data: Data) -> torch.Tensor:
        x, edge_index = data.x, data.edge_index
        x = self.conv1(x, edge_index)
```

```
        x = F.relu(x)
        x = F.dropout(x, training=self.training)
        x = self.conv2(x, edge_index)

        return F.log_softmax(x, dim=1)
```

続いて、学習の設定を行います。モデルのインスタンス化を行い、第5章の設定と同様に、最適化アルゴリズムとしてAdam[48]を指定します。

In

```
# GCNモデルのインスタンス化
device = "cuda" if torch.cuda.is_available() else "cpu"
gcn_model = GCN(
    num_node_features=dataset.num_node_features,
    projection_dim=64,
    num_classes=dataset.num_classes,
).to(device)

# 最適化アルゴリズムの選択
gcn_optimizer = torch.optim.Adam(
    list(gcn_model.parameters()), lr=0.01
)
```

それでは、学習を実行しましょう。ここでは、ノードに付与された正しいラベル（論文の技術領域）と、GCNによって予測したラベル間の交差エントロピーcross_entropy()を損失関数とします。

In

```
from tqdm import tqdm

# GCNの学習を行う関数の定義
def train_gcn() -> float:
    gcn_model.train()
    total_loss = 0.0
    gcn_optimizer.zero_grad()
    out = gcn_model(splitted_data)
```

```
    loss = F.cross_entropy(
        out[splitted_data.train_mask],
        splitted_data.y[splitted_data.train_mask],
    )
    loss.backward()
    gcn_optimizer.step()
    return loss.item()

# GCNの学習の実行
for epoch in range(1, 201):
    loss = train_gcn()
    print(f"train loss : {loss:.4f}")
```

Out

```
  0%|                    | 1/200 [00:00<00:30, 6.43it/s]
train loss : 1.9202
  1%|■                   | 2/200 [00:00<00:27, 7.24it/s]
train loss : 1.6628
⋮
100%|■■■■■■■■■■■| 200/200 [00:12<00:00, 16.33it/s]
train loss : 0.0085
```

学習が進むにつれて、学習データに対する損失（train loss）が徐々に下がっていく様子が観察できます。学習の終盤で損失がかなり小さな値になり、モデルが十分に学習されていることがわかります。

学習が終わったら、学習したモデルを用いて、テスト用マスク（test_mask）が割り当てられているノードに対する分類の精度を確認します。gcn_model() を介して得られる出力は、(ノード数) × (クラス数) の形の配列なので、argmax() を用いて、各ノードで最大のスコアが与えられているクラスを得て予測結果 y_pred とします。classification_report() を使うと、クラスごとの適合率（precision）や再現率（recall）、F1スコア（f1-score）などがまとめて表示されます。

In

```
from sklearn.metrics import classification_report

y_true = splitted_data.y[splitted_data.test_mask].numpy()

# 評価データに対する推論
with torch.no_grad():
    gcn_model.eval()
    out = gcn_model(splitted_data)
y_pred = out.argmax(dim=1)[splitted_data.test_mask]

print(classification_report(y_true, y_pred))
```

Out

```
              precision    recall  f1-score   support

           0       0.78      0.79      0.78       154
           1       0.77      0.70      0.73        87
           2       0.91      0.91      0.91       169
           3       0.86      0.85      0.85       320
           4       0.84      0.86      0.85       161
           5       0.80      0.80      0.80       112
           6       0.86      0.89      0.87        80

    accuracy                           0.84      1083
   macro avg       0.83      0.83      0.83      1083
weighted avg       0.84      0.84      0.84      1083
```

出力される数値を見ると、全体の正解率（accuracy）が 0.84 であるなど、第5章のロジスティック回帰ベースの手法より高い精度が得られていることが確認できます。これは、GCN が論文同士の引用関係をうまく活用してノード間で特徴をやり取りし、よりよい特徴表現を学習できているためです。

6.7.2 フィルタの差し替え

PyTorch Geometric には多くのグラフフィルタが実装されているため、さまざまなフィルタを容易に検証することが可能です。上記の例では GCNConv クラスを用いて GCN による分類を試しましたが、これを SAGEConv クラスに差し替えることで、GraphSAGE モデルによる分類も試してみましょう。GCN モデルの定義と同様に、以下で GraphSAGE モデルの挙動を再現するクラスを定義します。

In

```
from torch_geometric.nn import SAGEConv

# GraphSAGE モデルの定義
class GraphSAGE(torch.nn.Module):
    def __init__(
        self,
        num_node_features: int,
        projection_dim: int,
        num_classes: int,
    ) -> None:
        super().__init__()
        self.conv1 = SAGEConv(num_node_features, projection_dim)
        self.conv2 = SAGEConv(projection_dim, num_classes)

    def forward(self, data: Data) -> torch.Tensor:
        x, edge_index = data.x, data.edge_index
        x = self.conv1(x, edge_index)
        x = F.relu(x)
        x = F.dropout(x, training=self.training)
        x = self.conv2(x, edge_index)

        return F.log_softmax(x, dim=1)
```

In

```
# GraphSAGE モデルのインスタンス化
device = "cuda" if torch.cuda.is_available() else "cpu"
sage_model = GraphSAGE(
    num_node_features=dataset.num_node_features,
    projection_dim=64,
    num_classes=dataset.num_classes,
).to(device)
sage_optimizer = torch.optim.Adam(
    list(sage_model.parameters()), lr=0.01
)
```

以下は、同様の手順で評価を行った結果です。

Out

```
              precision    recall  f1-score   support

           0       0.84      0.75      0.79       149
           1       0.88      0.76      0.82        85
           2       0.92      0.95      0.94       168
           3       0.87      0.91      0.88       327
           4       0.87      0.86      0.87       155
           5       0.82      0.89      0.85       122
           6       0.89      0.83      0.86        77

    accuracy                           0.87      1083
   macro avg       0.87      0.85      0.86      1083
weighted avg       0.87      0.87      0.87      1083
```

対象のデータセットで、分類を行うモデルを GCN から GraphSAGE に変更すると、分類性能が向上していそうなことがわかります。このように、扱うネットワークにより適したモデルを簡単に探すことができることも、PyTorch Geometric のような多くのフィルタが実装されたライブラリを利用するメリットだといえます。

6.7.3 GNNによる論文の引用関係の予測

本節では、リンク予測の例として、Coraデータセットの論文引用関係を新たに予測してみます。これは「どの論文同士にリンク（引用関係）が生じるか」を当てるタスクです。

まずは、ネットワークを構成するエッジを学習用（train_data）とテスト用（test_data）に分割します。PyTorch GeometricのRandomLinkSplitオブジェクトを使って、40 %をテスト用エッジとして割り当てます。

In

```
from torch_geometric.transforms import RandomLinkSplit

# エッジを学習データとテストデータに分割
link_splitter = RandomLinkSplit(
    num_val=0.0,
    num_test=0.4,
    is_undirected=True,
)
train_data, _, test_data = link_splitter(dataset._data)
print(train_data.edge_label_index.shape)
print(test_data.edge_label_index.shape)
```

Out

```
torch.Size([2, 6334])
torch.Size([2, 4222])
```

出力を見ると、学習用に割り当てられたエッジ数とテスト用に割り当てられたエッジ数が確認できます。

続いて、リンク予測を行うためのモデルを定義します。ここでは、GCNでノードの特徴を変換し、その後ノード同士のベクトル（特徴）の内積をとることでリンクの有無を推定します。また、学習時にはネガティブサンプリングを行い、実在するリンクとランダムに選ばれた偽のエッジを正例・負例として区別するよう学習することにします。リンク予測を行うクラスLinkPredModelの内部で2層のGCNConvクラスによる変換を定義しており、その出力から内積を計算し、エッジの有無を確率0から1の範囲で返しています。

In

```
# GCNによる特徴変換の定義
class GCNLayer(torch.nn.Module):
    def __init__(
        self,
        num_node_features: int,
        projection_dim: int,
    ) -> None:
        super().__init__()
        self.conv1 = GCNConv(num_node_features, projection_dim)
        self.conv2 = GCNConv(projection_dim, projection_dim)

    def forward(self, data: Data) -> torch.Tensor:
        x, edge_index = data.x, data.edge_index
        x = self.conv1(x, edge_index)
        x = F.relu(x)
        x = F.dropout(x, training=self.training)
        return self.conv2(x, edge_index)

# リンク予測モデルの定義
class LinkPredModel(torch.nn.Module):
    def __init__(
        self,
        num_node_features: int,
        projection_dim: int,
    ) -> None:
        super().__init__()
        self.gcn_layer = GCNLayer(
            num_node_features,
            projection_dim,
        )

    def forward(
        self, data: Data, edge_label_index: torch.Tensor
    ) -> None:
```

```
        x = self.gcn_layer(data)
        x_src = x[edge_label_index[0]]
        x_dst = x[edge_label_index[1]]
        # 内積をシグモイド関数に入力して、0〜1 の値に変換
        return F.sigmoid((x_src * x_dst).sum(-1))
```

In

```
# リンク予測モデルのインスタンス化
device = "cuda" if torch.cuda.is_available() else "cpu"
link_pred_model = LinkPredModel(
    num_node_features=dataset.num_node_features,
    projection_dim=64,
).to(device)

# 最適化アルゴリズムの選択
link_pred_optimizer = torch.optim.Adam(
    list(link_pred_model.parameters()),
    lr=0.01
)
```

それでは、学習を実行していきます。4.3.2 節で解説したように、実在するリンクとランダムに選ばれたノード間のリンク（負例）を分類するような問題を解いています。PyTorch Geometric の `negative_sampling()` を利用することで、実在するリンクに対してランダムに選んだノード間のリンクを用意することができます。

In

```
from torch_geometric.utils import negative_sampling

# リンク予測モデルを学習する関数の定義
def train_link_pred_model() -> float:
    link_pred_model.train()
    link_pred_optimizer.zero_grad()

    total_loss = 0.0
    link_pred_optimizer.zero_grad()
```

```
    # Negative Sampling による負例の獲得
    negative_edge_index = negative_sampling(
        edge_index=train_data.edge_index,
        num_nodes=train_data.num_nodes,
        num_neg_samples=train_data.edge_label_index.size(1),
        method="sparse",
    )

    # 学習対象のエッジのインデックス
    edge_label_index = torch.cat(
        [train_data.edge_label_index, negative_edge_index],
        dim=-1,
    )

    # 学習対象のエッジのラベル
    # 1 は実在するリンク、0 はランダムに選ばれたノード間のリンク
    edge_label = torch.cat(
        [
            train_data.edge_label,
            train_data.edge_label.new_zeros(
                negative_edge_index.size(1)
            ),
        ],
        dim=0,
    )
    out = link_pred_model(train_data, edge_label_index)
    loss = F.binary_cross_entropy(out, edge_label)
    loss.backward()
    link_pred_optimizer.step()
    total_loss += loss.item()
    return total_loss

# リンク予測モデルの学習の実行
for epoch in range(1, 31):
```

```
    loss = train_link_pred_model()
    print(f"train loss : {loss:.4f}")
```

Out

```
train loss : 0.7148
train loss : 0.7894
:
train loss : 0.6381
```

最後に、テスト用データに対してモデルの評価を行います。ここでは評価指標として、ROC 曲線下の AUC スコアおよび ROC 曲線を出力することにします。scikit-learn の `roc_auc_score()` を利用すると、正解データと予測結果から ROC 曲線下の AUC を算出することができます。

In

```
from sklearn.metrics import roc_auc_score

# 評価データに対する推論
with torch.no_grad():
    link_pred_model.eval()
    out = link_pred_model(test_data, test_data.edge_label_index)
    y_true = test_data.edge_label.numpy()
    y_pred = out.numpy()

# AUC の計算
print(f"AUC : {roc_auc_score(y_true, y_pred):.4f}")
```

Out

```
AUC : 0.8202
```

AUC が 0.8202 であることから、ランダムに予測するよりもリンクの有無を当てられていることがわかります。

さらに ROC 曲線をプロットして、モデルがどれくらいの誤検知（False Positive）を許容しているかなどを可視化できます。この可視化には、scikit-learn の `roc_curve()` と Matplotlib ライブラリを組み合わせると便利です。

In

```
import matplotlib.pyplot as plt
from sklearn.metrics import roc_curve

# ROC曲線の描画
fpr, tpr, _ = roc_curve(y_true, y_pred)
plt.plot(fpr, tpr)
plt.xlim([0, 1])
plt.ylim([0, 1])
plt.xlabel("False Positive Rate")
plt.ylabel("True Positive Rate")
plt.show()
```

Out

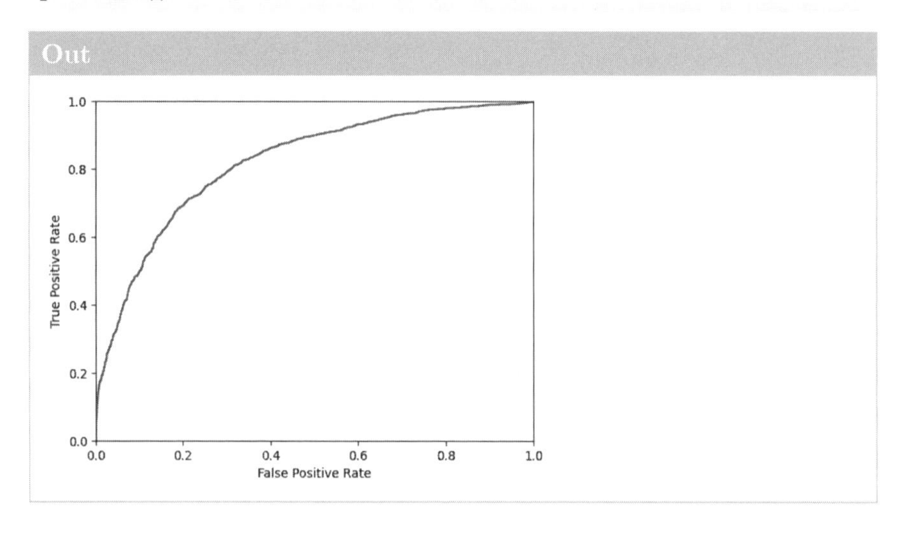

6.8 本章のまとめ

本章では、グラフニューラルネットワーク（GNN）の感覚的な理解を目指して解説しました。GNNはノード同士のつながりを考慮しながら特徴表現を学習する技術で、社会ネットワーク分析や推薦システム、化合物構造解析など、多様な分野で目覚ましい成果を上げています。

また、本章の後半では PyTorch Geometric を使ったノード分類とリンク予測の実装例を紹介しました。第 4 章の内容をあわせて振り返り、直面している課題に対してどのように機械学習タスクに取り組むべきかを検討しながら、手元のデータを使ってぜひ挑戦してみてください。次章で紹介するネットワーク分析の応用事例も GNN をはじめとしたネットワーク分析を適用していくうえでのヒントとなるでしょう。

7章

さまざまな分野における実例

本章では、これまで紹介してきたネットワーク分析の技術が、実社会の多様な分野でどのように活用されているかを概観します。自然言語処理における文書構造の解析や大規模言語モデルを用いたシステムの性能向上、金融市場におけるリスク評価やリターン予測、組織行動や労働市場の分析、さらには情報推薦システム、SNS 上の情報拡散、そして生物学における生態系や創薬研究まで、幅広い応用事例を取り上げます。これらの事例を通じて、ネットワーク分析がビジネスや社会の課題解決に直結する実践的なツールであることを紹介します。また、各分野の特性に応じたネットワークの構築方法や、分析上の課題と解決アプローチについても議論し、ネットワーク分析の応用に向けた実践的な知見を提供します。

7.1 自然言語処理におけるネットワーク分析

自然言語処理は、ネットワーク解析技術の重要な応用分野の一つです。この分野では、文書の要約や対話のためのテキストの生成、重要情報の抽出など、多岐にわたる課題が存在します。私たちが普段使用している検索エンジンや、文章を手軽に外国語に変換できる翻訳サービスにも自然言語処理技術が組み込まれており、こうした技術が普及したことで多量のテキスト情報を効率的に活用できるようになりました。さらに近年では、大規模言語モデル（Large Language Model；LLM）を比較的手軽に利用できるようになったこともあり、自然言語処理は社会実装の可能性を大きく広げる重要な技術として、ますます注目を集めています。

このような自然言語処理の発展を支える技術として、近年、前章でも簡単にふれたTransformer [105] が広く用いられています。当初、Transformerは機械翻訳のための技術として考案されましたが、文字列の意味や文脈を考慮してタスクに応じた出力ができるという性質から、現在では翻訳以外の自然言語処理タスクや、その他の分野でも広く用いられる技術となっています。自然言語処理におけるTransformerは、入力トークンの意味や関係性を推測しながらタスクに適した結果を出力します。たとえば翻訳タスクの場合、「I have a dog.」を日本文に変換するとき、「have」の対象が「dog」であることや、また「dog」がペットであることをそれぞれ内部で推測しながら、「have」を「飼っている」という訳語に変換します。

こうした強力な自然言語処理技術が進展する中で、ネットワークの概念やその解析技術もまた注目されるようになってきました。トークン同士の関連性を強化したり、外部の知識を自然言語処理モデルに付与したりする際に、ネットワークによる解析手法が有効な手段となるためです。ネットワーク分析を活用することで、テキストデータに内在する複雑なつながりを把握し、モデルの性能向上や新たな知識獲得のきっかけとなることが期待できます。

そこで本節では、自然言語処理とネットワーク分析を組み合わせるにあたり、具体的にどのような要素をノードとし、どのようなつながりをエッジとして捉えるのかを、事例とともに確認していきます。まずは、ネットワークを構築するときの基本的な観点として、ノードやエッジとして設定しやすい単位や関係を整理します。その後、より応用的な分析事例についても紹介します。

ノードとして考慮されやすいもの

ネットワークの最小単位である「ノード」をどのように設定するかは、自然言語処理におけるネットワーク分析を行ううえで最初に検討すべき重要なポイントです。以下では、代表的な例を挙げながら、自然言語処理でどのような情報をノードとして捉えられるかをみていきましょう。

- トークン:
  テキストデータからネットワークを構成する場合、自然言語処理の基本的な処理単位であるトークンをノードとすることは、自然なアイデアといえるでしょう。先述した「I have a dog.」の例では、「I」や「dog」などがトークンになります。トークンは、テキストをトークナイザによって解析、分割することで得られます。公開されている日本語用トークナイザ[*1]を使用すれば、手元にあるテキストから容易にトークン列を作成することができます。多くの自然言語処理技術がトークンを処理単位としたアルゴリズムを採用しているため、トークンをノードとして構成されたネットワークは既存のさまざまな自然言語処理の手法と組み合わせやすいという特徴があります。

- エンティティ:
  エンティティとは、特定の意味やカテゴリをもつ単語やフレーズのことを指し、単一のトークンもしくは複数のトークンからなります。たとえば「2021年3月3日に、私はアメリカに向けて出発した。」という文では、「2021年3月3日」は日付を表すエンティティであり、「アメリカ」は地名や国を表すエンティティであると考えられます。これらのエンティティは、分析対象のテキストに元から付与されている場合もあれば、テキストに対して情報抽出や固有表現抽出[*2]といった手法を適用することで獲得できる場合があります。エンティティをノードとしてネットワークを構築すると、「2021年3月3日」や「アメリカ」のように意味のある単位を活用し、人物や場所、組織などの関係性を捉えやすくなります。また、エンティティはテキストデータのみに限定されず、たとえば動画や音声データに紐づくメタ情報や数値デー

＊1 多くの場合、形態素解析器として公開されていることが多く、代表的なものに Sudachi [97] などがあります。

＊2 固有表現抽出（Named Entity Recognition；NER）とは、テキスト中に含まれる人名、組織名、地名などの固有名詞や時間表現、数量などのあらかじめ定義された単位の単語（固有表現）を自動的に抽出するタスクです。

タなどに対しても付与されることがあります。したがって、エンティティによる表現は他のネットワークと統合しやすく、拡張性が高いという特徴があります。たとえば、Wikipedia や DBpedia*3など、外部の知識ベースを手持ちのデータと接続することで、元のテキストに含まれる情報をより豊かにすることが可能です。

- 文書：
  文書とは、自然言語処理で対象となるテキストのひとまとまりを指します。ニュース記事、製品レビュー、研究論文、レシートなどが具体的な例として挙げられます。通常は文書を独立して扱い、そのままのテキストを入力として分類や情報抽出などのタスクを行うのが一般的であり、ニュース記事をジャンルごとに分類したり、レシートから領収金額を抽出したりすることがその一例です。しかし、文書をノードとしてネットワークを構築することで、個別の文書からだけでは得られない情報を活用できるようになります。たとえば、ユーザに連続して閲覧されるニュース記事同士は同じジャンルである傾向が強いと考えられ、それらの文書間をエッジで結ぶことで、ジャンル分類の精度を高められる可能性があります。

エッジとして考慮されやすいもの

続いて、ネットワーク上でノードとノードを結びつける「エッジ」について考えます。自然言語処理では、単語やフレーズの関係を明示的に示したり、文書同士のつながりを示したりする場面が多くあります。ここでは、エッジとしてしばしば用いられる概念をいくつか紹介します。

- 共起の関係：
  第2章で紹介したように、共起はネットワークを構築する際に重要な手がかりとなる現象です。自然言語処理で扱うテキストデータには、共起関係がごく自然に存在します。同じ文書内で共起する単語間にエッジを張ることが考えられるほか、文書間で単語が共起する場合、それらの文書間にエッジを張

*3　DBpedia は、Wikipedia に含まれる膨大な情報を抽出し、機械可読な形式で公開するオープンデータプロジェクトです（https://www.dbpedia.org/）。日本語版も提供されています（https://ja.dbpedia.org/）。

ることも考えられます。たとえば「野球」という単語を共有する文書間では、共通してスポーツに関連した話題を扱っていることが予想されます。

- 文書への関与：
  実世界の文書データには、さまざまな形で人間が関与します。その代表的な例として、文書を作成する行為があります。複数の人物が文書作成に関わる場合、そこには自然とネットワークが形成されることになります。共著者に着目した論文ネットワークはこの一例であり、同じ著者が関わった論文同士をエッジで接続することで、背後にある特定の分野の知識やノウハウを考慮できるようになります。また、文書に送信者と受信者が存在する場合、有向エッジを通じてネットワークを形成することも可能です。

- 類似性：
  明確な共起の関係だけでなく、文書や単語が共有する意味的・位置的な類似性をエッジとして扱う方法も広く利用されています。たとえば、同義語や類義語、上位下位関係を結びつけることによって、単語同士の関係を明示的に示すことができます。また、ベクトル表現を用いて単語や文書の意味的類似度（コサイン類似度など）を求め、エッジを設定する手法も一般的です。

7.1.1 レイアウトを考慮した帳票からの情報抽出

テキストデータから情報を抽出する技術は、文書のもっている情報を構造化し、付加できるため、さまざまな分野で応用されています。たとえば、企業のコミュニケーションツール上で交わされるメッセージを入力として、そこからイベント名や日付を抽出することで、企業に関連する社内外のイベント一覧を作成することが考えられます。こうした技術は、企業の業務効率化に大いに役立ちます。

中でも、領収書や請求書などの帳票から情報を抽出する技術は、証憑管理*4などのビジネスプロセスの効率化に有用な技術として注目を集めています。しかしながら、帳票からの情報抽出にはいくつかの技術的な課題が存在します。その一つに、帳票内のテキストはニュース記事のような自然言語形式だけではなく、表

*4　証憑管理とは、取引などの証拠書類を保管・管理するプロセスを指します。

や項目名などが混在する独特のレイアウトで記述される点が挙げられます。そのため、一般的な自然言語処理技術では対処しにくいケースが生じます。

実際、純粋なテキスト入力のみを前提とした情報抽出では、帳票における位置関係などのレイアウト情報を考慮できないため、抽出が困難になります。たとえば、図 7.1 に示す請求書から支払期限を抽出することを考えるとき、「請求日請求金額振込口座支払期限 2020 年 4 月 14 日¥10, 000ABC 銀行 12345672020 年 4 月 30 日」というように連続して OCR（光学文字認識）で読み取られることがあります。

請求書

請求日	請求金額	振込口座	支払期限
2020 年 4 月 14 日	¥10,000	ABC 銀行 1234567	2020 年 4 月 30 日

■ 図 7.1: 請求書の例

このような問題を解決するために、視覚的な情報を用いた情報抽出のアプローチが研究されています [84, 61]。図 7.1 の例では、「支払期限」というテキストの下に対応する日付が配置されているため、帳票のレイアウト情報を考慮して情報を抽出するというアプローチが有効です。実際、人間が支払期限を判断する際も、単にテキストの内容だけでなく、その配置や視覚的なヒントを利用しています。同様に機械学習モデルにおいても、帳票のレイアウト情報（テキストの位置関係や見出し項目など）を取り込むことが有用だと考えられます。

この視覚情報を活用するための手法の一つとして注目されているのが、グラフニューラルネットワーク（GNN）を利用したアプローチです。この方法では、帳票のレイアウト情報をネットワーク構造としてモデル化します。具体的には、帳票上の各テキストセグメント[*5]をノードに見立て、それらの位置関係や近傍情報などをもとにエッジを定義します。テキストセグメントは、OCR を適用して帳票画像から抽出したり、PDF の解析を通じて取得します。

セグメント間の関連性を捉える方法にはいくつかのバリエーションがあります。たとえば、すべてのセグメント間を結ぶ完全グラフを構築し、Graph Attention

＊5 OCR や PDF の解析により得られる、テキストのかたまりを指します。図 7.1 においては、たとえば「請求日」が一つのテキストセグメントであるようなイメージです。

Network (GAT) を用いて重要なセグメント関係を学習する方法があります [61]。また、β-スケルトングラフ[*6]を利用して、空間的に近いセグメント間だけにエッジを張るスパースなグラフを作る方法もあります [56]。あるいは、同じトークン (単語) を共有するセグメント同士をエッジで結び、語彙レベルの関連性を強化する試みも提案されています [84]。セグメントの空間的な近さに基づいて作成したネットワークの例を図 7.2 に示しました。

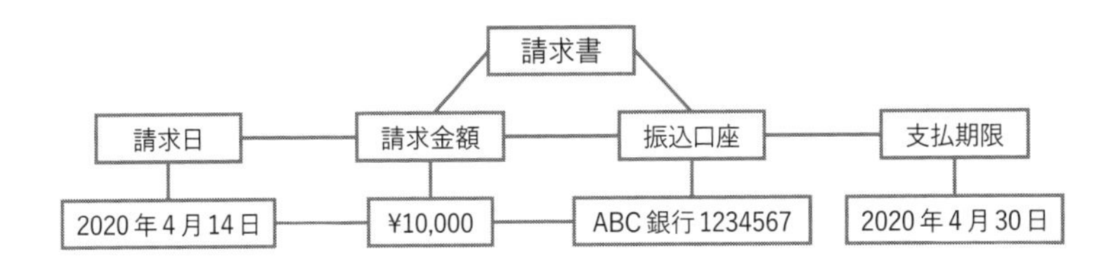

■ 図 7.2: 請求書上のネットワークの例

構築したネットワークは、帳票から情報を抽出するプロセスに直接統合されます。通常、情報抽出プロセスでは、まずテキストセグメントから意味的な特徴ベクトルを抽出し、その情報をもとに抽出対象であるかどうかを判定します。このプロセスに GNN を組み込むことで、単なるテキストの内容だけでなく、帳票内のセグメント配置や視覚的ヒントを同時に考慮しながら抽出できるようになります。

具体的なイメージを図 7.3 に示します。まず OCR や PDF 解析から得られたテキストセグメントごとの文字情報をもとに特徴ベクトルを獲得し、その後、GNN に入力します。GNN はテキストの配置や関係性を学習し、テキストのみからの情報抽出だけでは難しかった、レイアウトに依存した情報を捉えます。Liu らは、このレイアウト情報をネットワークとして取り入れることで、領収書などからの情報抽出の精度が向上することを示しています [61]。帳票のように視覚的なレイアウトが重要な文書に対して、テキストとレイアウトの両面からアプローチすることは、より高精度な情報抽出への大きな一歩となるでしょう。

＊6　β-スケルトングラフは、平面上の点群に対し、パラメータ β によって隣接範囲（スケルトン）を調整しながらエッジを張る手法です。帳票上の文字領域（点群）に適用することで、近傍のセグメントにのみ接続し、不要な長距離接続を抑制できます。

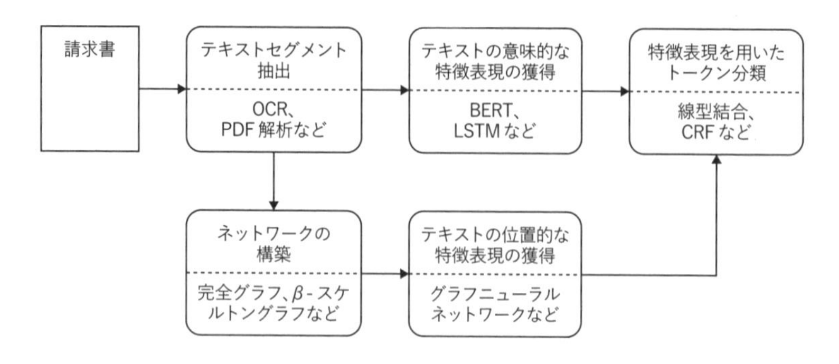

■図 7.3: 情報抽出プロセスへの GNN の導入

7.1.2　大規模言語モデルの活用と RAG の改善

近年、深層学習技術の急速な発展により、自然言語処理の分野では大規模言語モデル（Large language Models；LLM）が極めて注目されています。LLM は巨大なテキストコーパスから学習することで、人間に近い自然な言語表現や高度な読解・生成能力を獲得しており、文章生成、要約、質問応答など幅広いタスクで顕著な性能向上を示しています。本書ではそれぞれの詳細にふれませんが、BERT [20] や GPT シリーズ [17]、T5[87]、RoBERTa [62] などのモデルを端緒として、LLM は飛躍的な性能改善を果たしてきました[*7]。しかし、LLM においても、入出力可能なトークン長の制約や、リアルタイム情報更新の困難さなどの課題が依然として残されているほか、長文の処理を試みると生成されるテキストの品質が低下することも指摘されています [55]。また、LLM 単体ではクローズドな知識や学習後に明らかになったニュースなど、学習データに含まれない情報を回答に反映することは困難です。

これらの問題を緩和する手法として、近年注目を集めているのが RAG (Retrieval-Augmented Generation) [58] です。RAG は、LLM によるテキスト生成を、外部の知識ベースや文書コーパスへの検索処理と組み合わせる手法です。一般的な RAG における情報処理の流れを図 7.4 に示しました。

＊7　本書では、BERT など比較的早期に登場したモデルから、近年さらに巨大化・高性能化した LLM 群を含めて「大規模言語モデル（LLM）」と呼称することにします。

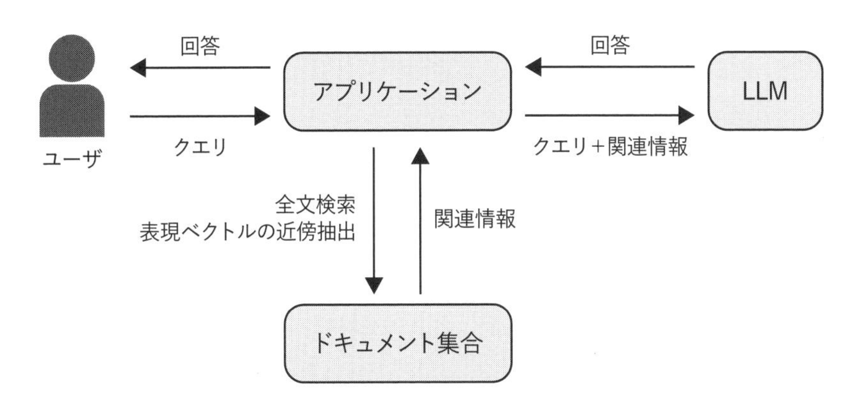

■図 7.4: 一般的な RAG の構成

基本的な流れは、まずユーザからの質問（クエリ）をベクトル化し、事前構築されたベクトルデータベース上で関連する文書片（テキストチャンク）を検索します。続いて、この取得した外部情報を LLM へのプロンプトとして与え、LLM がそれを踏まえて回答や要約を生成します。こうした外部知識の取り込みにより、LLM は学習済みパラメータ内に直接埋め込まれていない新情報や、特定ドメインに特化した知識を柔軟に利用できます。その結果、RAG は回答の正確性、時事性、専門性を強化するとともに、静的な LLM 単体では困難なタスクへの対応を可能にすることが期待されています。

しかし、多くの RAG の実装では、単純な文書分割（文書を一定の長さで区切るなど）を行い、テキストチャンク単位で検索するため、クエリに関連する情報が複数のチャンクに分散している場合や、複数の文書間の微妙な関連性や矛盾関係を把握することが難しいという課題があります。さらに、「全コーパスを俯瞰して、主要なテーマや傾向を把握する」というグローバルな情報処理には、標準的な RAG だけでは不十分です。

このような課題に対処するため、新たなアプローチとして GraphRAG [24] や LightRAG [36] などの手法が登場しました。これらは、従来の RAG が主にベクトルデータベースを用いるのに対し、知識グラフを活用して情報を表現・検索します。知識グラフは、エンティティ（ノード）とリレーション（エッジ）によってデータの複雑な相互依存関係を直接かつ柔軟に表現できるため、単純なキーワードベースやテキストチャンク単位の検索では困難だった複雑な問い合わせにも対応可能です。

GraphRAG

GraphRAG [24] は、グローバルな文脈把握や大規模コーパスに対する包括的な検索・要約を念頭に開発された手法です。従来のRAGがクエリに対して局所的に関連する文書を取得するのに対し、GraphRAGは以下のプロセスを特徴とします（図7.5）。

1. **知識グラフの構築**：
   ソースとなる文書集合からLLMを用いてエンティティ（人物、場所、組織など）およびそれらの関係を抽出し、知識グラフを作成する
2. **コミュニティ検出と要約**：
   ネットワーク上でコミュニティ検出アルゴリズム（ルーバン法など）を用いて、相互に強く結びつくエンティティ群を発見。続いて、LLMを用いて各コミュニティに対する要約を生成。これにより、巨大なコーパス全体を把握できる「グローバル要約」情報が得られる
3. **部分的な回答の生成と統合**：
   質問が与えられると、各コミュニティ要約を並列的に参照し、部分的回答を生成。最後にそれらを統合し、ユーザが求めるグローバルな回答を要約として提示する

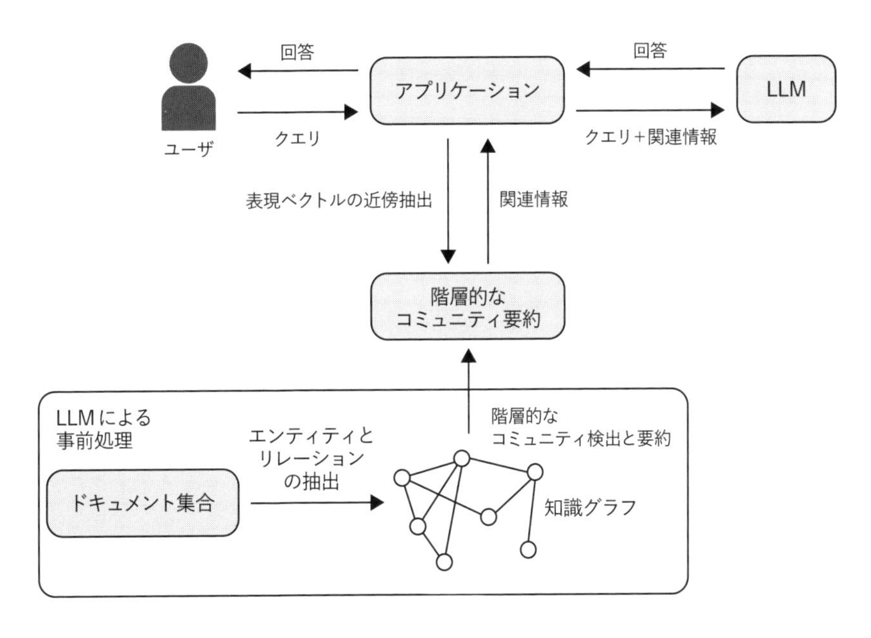

■ 図 7.5: GraphRAG の構成

GraphRAG はこのような分割統治的なアプローチを通じ、100 万トークン規模のデータセットに対しても包括的なトピックの理解や、複数の情報源を統合した回答生成を可能にします。その結果、標準的な RAG では困難なグローバルな情報処理に対して、回答の多様性・包括性を大幅に向上させることが示されています。

LightRAG

GraphRAG と同様に知識グラフを活用する手法として、LightRAG [36] が提案されています。LightRAG は特に「更新・拡張性」と「検索の柔軟性」を重視し、継続的に変化・増大する文書集合に対して、リアルタイム性と効率性を両立することに焦点を当てています。

GraphRAG では、巨大なコーパスを包括的に要約するため、階層的なコミュニティ検出とその要約生成を事前に行います。この仕組みはグローバルな質問に対して豊かな回答を提供する一方で、新規文書の追加・更新が生じるたびに再度コミュニティ検出や要約生成を行う必要があり、大規模で動的な環境では対応が困難になります。一方、LightRAG は以下の方法によって、この問題を緩和しています。また、その構成の概要を図 7.6 に示しました。

1. **知識グラフの構築**：
   GraphRAG と同様に、文書集合を小規模なテキストチャンクへ分割し、LLM によってエンティティとそれらの関係を抽出する
2. **デュアルレベル検索**：
   ユーザが入力するクエリから、より具体的な概念を表す「低レベルキーワード」と、複数エンティティを統合し抽象的な概念を表す「高レベルキーワード」を生成。両方のキーワード群をもとに知識グラフからテキストチャンクを抽出することにより、包括的な知識を統合した回答の生成をねらう
3. **動的な更新**：
   新たな文書が追加された際は、全インデックスをゼロから再構築する必要はなく、追加されたテキストチャンクとともに必要なエンティティやリレーションを付け加える。これにより、ニュースフィードや企業内ナレッジベースのように常に更新が求められる状況でも、迅速で的確な回答を提供することが期待される

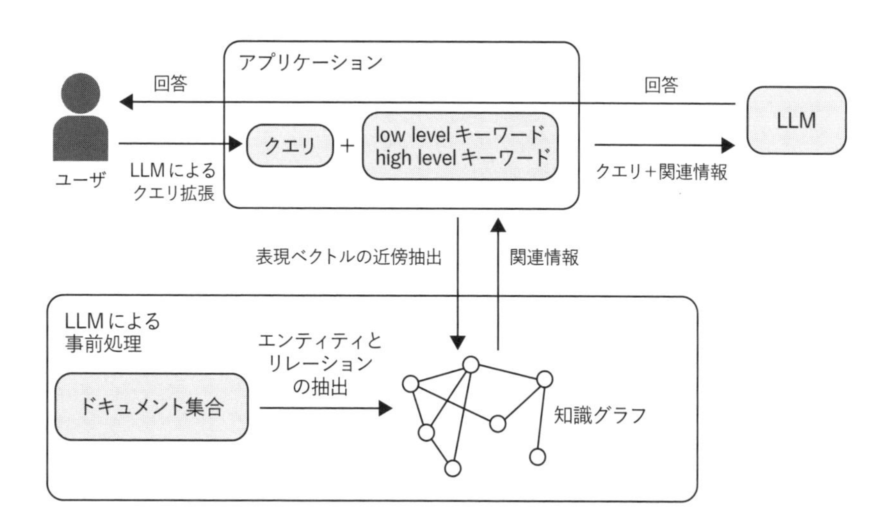

■図 7.6: LightRAG の構成

今後の展望

ここまで、LLM の進展として、RAG とその課題、その解決に知識グラフを利用する手法を紹介しました。GraphRAG はコミュニティ検出と要約によるグローバルな文脈把握に強みがあり、LightRAG はデュアルレベル検索と動的な更新機能を通じて、変化する情報や多様なクエリに柔軟に対応できる点が特徴的でした。こうした手法は、組織内の複雑な知識体系に基づく質問応答や、時々刻々と変化するニュースや市場動向分析など、従来の RAG では対処しづらかった状況でも有効な解決策となるでしょう。GraphRAG や LightRAG は GitHub 上で実装が公開されており、比較的容易に試すことができます[*8]。

また、Neo4j[*9]や Amazon Neptune[*10]といった知識グラフの扱いに特化したデータベースを導入することで、効率的なクエリ処理や高度な分析を行う基盤を整備できます。この際、どのような形で知識グラフを構築するか、その設計には大きな検討余地があります。エンティティとして抽出する概念の選定に加え、

*8 GraphRAG: https://github.com/microsoft/graphrag
LightRAG: https://github.com/HKUDS/LightRAG

*9 https://neo4j.com/

*10 https://aws.amazon.com/jp/neptune/

ノード（エンティティ）やエッジ（リレーション）ごとに追加のメタ情報を付与し、単純な関係構造以上の情報を格納することが挙げられます。これによって、特定分野ならではの特徴を表現したり、利用者ごとに異なる権限や参照範囲を設定したり、といった柔軟な拡張が可能になります。

総じて、LLM とネットワーク構造を組み合わせる RAG 手法は、包括的な知識表現やスケールする検索、動的な更新対応を可能にする新たな道を開いています。その一方で、知識グラフの構築・設計に関しては、多様な選択肢と課題が残されており、それらを適切に活用するための検討が、今後の発展に向けた重要なテーマとなるでしょう。

7.2 金融分野におけるネットワーク分析

金融業界では、リスク評価や収益（リターン）の予測、市場動向の把握などが主要なタスクとして日々行われています。ここでいう「リスク」とは、一般的な「危険」という意味を超えて、潜在的な損失だけでなく利益となる可能性を含み、不確実性全般を指します。金融市場におけるリスクにはさまざまな種類があります。たとえば「クレジットリスク」は借り手の債務履行能力に関わるリスク、「市場リスク」は株式などの資産価格が市場の変動によって大きく変わるリスクです。

投資や融資の機会を評価するために、過去のデータから将来のリスクを見積ってリターンを予測することは、そのバランスを測り、リスクに見合ったリターンを求める市場参加者にとって重要です。CAPM（Capital Asset Pricing Model, 資本資産価格モデル）*11 [95, 60] は、株式のリスクと期待リターンの関係を説明するために広く用いられるモデルです。このモデルは、市場全体の動きと個々の資産のパフォーマンスを分析し、投資ポートフォリオの調整に役立てることができます。しかし、CAPM のようなモデルでは、資産間の相関性や依存関係が無視されることがあり、実際の市場状況を正確に反映しきれず、リスクを過小評価するおそれがあると指摘されています。

このような背景から、資産や組織間の関連性を考慮するネットワーク分析に自然と注目が集まっています。特に、2008 年の世界金融危機は、個別の金融機関の

*11 CAPM は、株式などのリスクと期待収益率の関係を説明するために使用されるモデルの一つです。銘柄 i の期待リターン $E(R_i)$ が無リスク利子率 R_f を超えて得る期待超過リターン $E(R_i) - R_f$ が、市場全体の期待超過リターン $E(R_M) - R_f$ に比例する部分と、銘柄固有の期待リターン α_i の加算で表されることを仮定し、$E(R_i) - R_f = \alpha_i + \beta_i(E(R_M) - R_f)$ として定式化されます。

問題が金融システム全体に波及するリスクが大きな問題として浮き彫りになりました。この危機を通じて、金融機関は市場全体の連鎖的なリスクをより詳細に評価し、危機の兆候に早期に対応する必要性を強く認識することになりました。金融機関同士のつながりや貸借関係などをネットワークとして分析することで、危機時にどの機関がリスクの中心となりうるかを特定することが可能です。

また、ネットワーク分析は、リスク評価だけでなく、リターン予測においても有効です。他の市場参加者が見逃している有用な情報や関連性を発見することで、より多くの利益を得る可能性が広がります。このように、ネットワーク分析は、金融市場における複雑なリスク構造やパフォーマンスの予測をより正確に行うための強力なツールとして活用されています。

7.2.1 金融ドメインにおけるネットワークデータ

金融市場は非常に複雑で、多様な主体が絶えず相互に影響を与え合っています。この市場の複雑性を反映して、ネットワーク分析ではさまざまなノードやエッジが登場し、その構成の仕方も多岐にわたります。ここでは、金融市場を構成するノードとエッジのパターンに焦点を当て、それらが市場の分析や理解にどのように貢献するかを整理します。

ノードになるもの

- 企業：
  企業や株式などの金融資産は金融ネットワークの基本的なノードの一つです。市場には大小さまざまな企業が存在し、それぞれが異なる役割を担っています。創業や廃業のほか、合併・買収や取引の変化などによってネットワーク全体の構造が変化し、新たなノードが加わることもあります。
- 金融機関：
  銀行、保険会社、投資ファンド、証券会社などの金融機関も、金融ネットワークの重要なノードです。これらの機関は資金の流れを仲介し、市場に流動性を提供する役割などを担っています。金融機関同士のつながりを分析する場合もあれば、特定の金融機関を通じた資金の流入・流出を追跡することで異種ネットワークを構築することもあります。こうしたつながりを把握することは、リスクの集中や拡散を評価するうえで非常に重要です。

- 市場やセグメント：
  株式市場、債券市場、外国為替市場など、各市場やセグメントも一つのノードとして扱うことができます。たとえば、日本市場がアメリカ市場から影響を受けるように、それぞれの市場は特有のリスクと機会をもち、それが全体の市場動向に波及します。市場間のつながりを分析することで、グローバルなリスク評価や動向の予測がより正確に行えるかもしれません。
- 人物：
  投資家、経営者、債務者など、個々の人物も金融ネットワークにおける重要なノードとなりえます。これらの人物の決定や行動は企業の戦略や市場の動向に大きな影響を与えます。たとえば、影響力の大きい投資家が複数の資産を保有している場合、その投資家の意思決定によって保有資産が同じような動きを示す可能性があるでしょう。また、似た経営者が率いる企業同士は市場の変化に対し共通の反応を示しやすいなど、人物を基点とするネットワーク構造の把握は、より細かい市場分析につながります。

エッジとして考慮されるもの

- 取引関係：
  金融機関間や企業間で行われる資金や商品の取引関係は、ネットワーク分析において代表的なエッジとなります。取引の有無や金額、方向をエッジとして可視化することで、市場全体の複雑な構造を把握する手がかりを得られます。さらに資金だけでなく、材料や配送の流れを追跡することで、サプライチェーンネットワークを構築することも可能です。取引関係のネットワーク分析によって、ある企業が特定の企業にどの程度依存しているかや、取引先が少数に集中している場合のリスクなどを評価できます。
- 信用関係：
  貸付やローン契約、資本関係などは、金融市場で非常に重要なエッジとして扱われます。これらの関係をネットワーク化することで、市場全体の信用リスクや流動性に関する洞察が得られます。たとえば、ある金融機関がどの企業・機関にどの程度の資金を貸し出しているのか、逆にどの機関から資金を借り入れているのかを把握できれば、金融システム内での影響力やリスク分散の度合いが明確になります。特定の金融機関が多くの企業に大口融資をしている場合、その機関の財務状態が市場全体に及ぼす影響はきわめて大きくなるでしょう。

- 情報の流れ：
  労働者の転職や共同研究、取締役の兼任などを通じ、企業間で情報が共有されることがあります。このような情報のやりとりもネットワークにおける重要なエッジとみなされ、企業間の意思決定や戦略に直接影響を与える要素となります。たとえば、同じ人物が複数の企業の取締役を兼務していると、戦略的な情報が企業間で共有されやすくなる可能性があります。また、共同研究を行う企業間では最新の技術や知見が伝わりやすく、それぞれの研究開発を加速させる効果が期待できます。
- 時系列の連動・類似性：
  資産間の価格変動の相関を分析することは、市場のリスク管理やポートフォリオの最適化において欠かせません。たとえば、株価や債券、商品、通貨など異なる資産がどの程度連動して動くかを理解することで、ポートフォリオ全体のリスクを低減できる可能性があります。単純に時系列の相関をエッジとして捉える場合には、資産間のネットワークは完全グラフとなります。

7.2.2 分析事例

ここまで、金融業界のネットワーク分析ではどのような主体や事象がノードやエッジとして捉えられるかを紹介しました。ここからは、いくつかの分析事例を通し、具体的な分析事例を通してネットワーク構築の流れや、分析から得られる知見をさらに詳しく見ていきます。

トランザクションデータの分析

金融取引の話題では、株式の売買や保険の契約、銀行での融資などがよく取り上げられますが、私たちの日常生活においてクレジットカードによる買い物も欠かせません。このような取引ログには、店舗や顧客、貸手、銀行など多種多様な主体が登場し、取引ごとに日時や取引額が記録されます。こうしたトランザクションデータからネットワークを構築すると、通常はノード数やエッジ数が非常に多い疎な異種ネットワークが得られます。

アメリカの大手クレジットカード会社であるCapital Oneでの取り組みは、決済のトランザクションデータを活用し、効率的に加盟店やブランド*12のノード埋め込みを行う手法を提案しています[47]。この手法では、膨大な決済のログデータを効率的に処理し、1次の接続を考慮した場合のDeepWalk（5.3.1節を参照）の近似により埋め込みベクトルを得ています。また、得られたベクトルを不正利用の検知に利用すると、性能が向上することを示しています。さらに、地理的に近い加盟店同士や、似たジャンルのブランド同士が類似したベクトルとして埋め込まれる傾向などが報告されています。

金融取引におけるトランザクションは、取引日付を示すタイムスタンプとともに、取引の相手、取引金額などがレコードに含まれるテーブルデータです。第2章で紹介した方法を用いれば、レコードから加盟店のネットワークを作成することは容易です。たとえば、「購買」という行動をもとにユーザと加盟店の二部グラフを作成してもよいですし、同じユーザに前後で購入された加盟店を接続してもよいでしょう。しかし、一般的な決済のデータでは、ユーザや加盟店の数が非常に多いため、隣接行列どころか、エッジリストなどを経由してネットワークオブジェクトを作成することも困難になります。また、このネットワークに対してノード埋め込みを行う場合、DeepWalkやnode2vecのようにノードの系列を作成するにせよ、NetMFのように行列演算を行うにせよ、その計算コストも非現実的なものになってしまいます。

この取り組みで着目すべきポイントは、テーブル形式で蓄積される決済のログデータから、効率的に埋め込みを作成する点にあると著者らは考えます。より具体的には、SQLで行われるようなシンプルなテーブル操作と、任意の時間幅tをもったスライド窓を用いて加盟店ペアやブランドペアの作成を行います。そして、抽出されたペアをもとに、第5章で紹介したSkip-gramモデルで学習し、埋め込み表現を得ます。そのデータ処理のイメージを図7.7に示しました。

＊12　ここで「加盟店」と呼ぶものは、クレジットカード会社と契約している店舗を指します。また、「ブランド」はチェーン展開している複数の加盟店をまとめた概念（例：マクドナルド、Walmart、Appleなど）を意味します。なお、VisaやMasterCardといったクレジットカードネットワークの「ブランド」とは異なる点に注意が必要です。

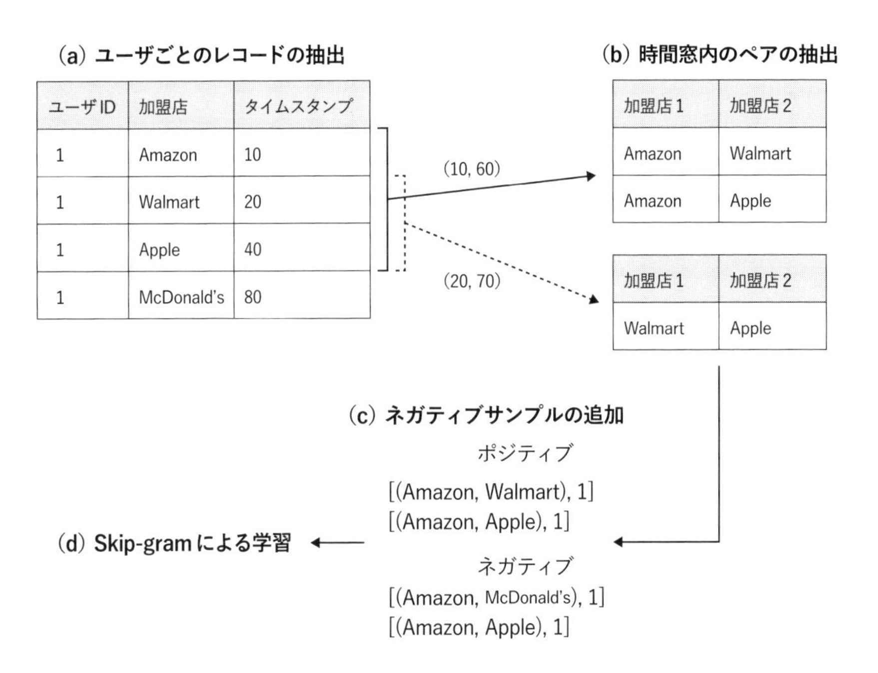

▪ 図 7.7: 決済ログから、ブランドペアのポジティブサンプルとネガティブサンプルを作成し、Skip-gram で学習するまでのデータ処理のイメージ（スライド窓の大きさ $t = 50$ の例。文献 [47] 図 1 をもとに著者ら作成)。

まず図 7.7 の (a) では、膨大な決済ログからあるユーザごとにフィルタしたテーブルを作成しています。タイムスタンプだけでなく取引の相手（ここでは加盟店）などがレコードに含まれるテーブルデータです。SQL であれば対象のレコードを `WHERE` 句で絞り込むだけなので、非常にシンプルな処理です。

続いて (b) では、あるレコードのタイムスタンプを中心に，時間幅 t をもったスライド窓をレコードごとに作成し、同じ窓に含まれる他の加盟店とのペアを作成しています。たとえばはじめのレコードでは、Amazon での決済が $t = 10$ で行われているため、$(10, 60)$ の範囲をもった時間窓により、その中に含まれる他の加盟店として (Amazon, Walmart)、(Amazon, Apple) のペアがそれぞれ作成されています。これらのペアは、「同じ時間帯に利用された店舗同士」として解釈することができます。また、この処理も、タイムスタンプに対し範囲条件で `JOIN`

すれば簡単に実装できそうです。ここで時間幅 t の設定が重要になります。大きすぎると関連性が弱いペアまで拾ってしまい、小さすぎると関連性を見逃す可能性があります。

(c) では、負例のペアであるネガティブサンプルを作成しています。(b) で同じ時間窓に入ったペアは「同じ時間帯に利用された」という意味でポジティブサンプルになります。一方、同じ時間窓に含まれない加盟店同士の組合せはネガティブサンプルとみなせるため、たとえばランダムに加盟店のペアを作ることで効率よく「一緒に利用されない」例を収集します。Skip-gram などのモデルでは、ポジティブサンプルを正例として学習する一方、ネガティブサンプリングによって得られたペアを負例として扱い、埋め込みベクトルの適切な分離を学習します。

最後に (d) では、(c) で得られたポジティブ／ネガティブのサンプルを用いて Skip-gram の最適化計算を行います。第5章でもふれたように、Skip-gram は周辺単語（ここでは「同時利用された加盟店」）の予測を通じて、ノードの埋め込みベクトルを学習する仕組みです。

この取り組みが不正取引の検知に効果的であった背景には、同時利用される加盟店同士が近くなり、不正利用される加盟店同士もまた近くなったことが考えられるかもしれません。地理的に近い加盟店同士や似たジャンルのブランドが自然に近いベクトルになる一方で、「異様な組み合わせ」はその中で乖離し、不正利用を検知しやすくなると想像できます。

取締役兼任ネットワークの分析

特定の個人が、複数の企業の取締役を兼任することがあります。企業の経営に携わるケースだけでなく、適切な助言や監査を期待され、経験豊富な個人が社外取締役や監査役に選任されるケース[*13] があります。

複数企業への取締役の兼任があるとき、兼任先の企業の経営には同一人物のリソースが投入されることになります。過去の研究では、こうした時間的制約などの要因から、兼任が企業に負の経済効果をもたらすことが指摘されてきまし

＊13　企業のガバナンス構造、特に透明性と健全な経営は、ステークホルダーや投資家からの信頼を得るための重要な要素となっています。良好なガバナンスは、企業への投資リスクを減らし、より正確な投資判断や株主資本コストの低下を促進することが知られています。このため、東京証券取引所が定めるコーポレートガバナンスコードでは、上場企業が独立社外取締役を選任することが推奨されています。

た [2, 6, 26, 51]。その他にも、ストックオプションのバックデート*14や会計上の不正が伝播する可能性が示唆されるなど、その負の側面が注目されてきました [9, 18]。一方、小規模で成熟していない企業においては、取締役の兼任がアドバイザーの役割を果たし、より良いパフォーマンスをもたらすことを示唆する結果もあり、その影響は多面的だと考えられます [27]。

このような情報の共有や伝播はネットワーク分析と相性がよく、企業と取締役をノード、取締役会への参画をエッジとして、二部グラフを考えることができます。また、企業もしくは取締役のどちらかに射影することにより、同種ネットワークを作成することもできます。近年では、社会ネットワーク分析の手法の発展とともに、取締役の兼任構造にネットワーク分析を適用する研究が増えています。

たとえば、兼任ネットワークの中心に位置する取締役は、他の取締役会で議論されているような情報をいち早く得られると想定できるでしょう。Omer らは、兼任ネットワークにおいてより中心的な取締役を擁する企業は、より高い時価総額の成長を実現していることを指摘しています [78]。具体的には、取締役会の連結性がもたらす情報利得の有無を検証するため、四つの中心性指標（次数中心性、近接中心性、固有ベクトル中心性、媒介中心性）の第 1 主成分を用いて「複合的な中心性尺度」を作成し、この尺度を説明変数の一つとした線形回帰モデルを構築しています。また、続く研究では、取締役ネットワークを通じて監査委員会とのつながりが良好な企業は、年次財務諸表を虚偽する可能性が低いことを示唆しています [79]。

日本の取締役兼任ネットワークを分析した例としては森田らの取り組みがあります [124]。2000 年から 2023 年の各年で企業単位の同種ネットワークを作成し、その連結性が高まっていることや、その構造がランダムの範囲を超えていることを報告しています。また、指数ランダムグラフモデル（Exponential Random Graph Models；ERGM）*15を適用し、兼任のある企業間では、その株式のリスク指標に同類性があることを示唆しています。その背景としては、同じ人物の知

*14 ストックオプションのバックデート（backdating）とは、実際にはオプションを与える時点よりも過去の日付でオプションを付与することを指します。これはオプションの付与の正確な時点を意図的に歪める行為であり、受益者により多くの利益がもたらされる可能性があるため、法的な側面からは問題のある行為です。

*15 指数ランダムグラフモデルは、ネットワークの生成プロセスを確率的に説明し、観測されたネットワークがどのように形成されたかを理解することを目的とした統計モデルです。具体的には、エッジの存在確率を、ノードの説明変数に加えてネットワークの構造的特徴（たとえば、近傍ノードの接続性や三角形構造など）に基づいて定義します。

識やリソースが投入されている企業間では、細かい経営判断が似通ってくることなどが考えられるかもしれません。

著者の知る限り、ノード埋め込みやGNNを兼任ネットワークに適用する先行研究はまだ見当たりませんが、その構造と、企業の業績やリスクとの関連が指摘されていることから、今後これらを適用する余地は多分にあると考えられるでしょう。

資産価格の相関構造のネットワーク化と分析

ここまで紹介してきたように、企業の活動や定性情報をもとにネットワークを構築する手法が存在しますが、これとは別に、過去の株価やリターンの動き（時系列）を使ってネットワークを作成するアプローチも広く行われています。古くは、Mantegnaらが、時系列の相関から**最小全域木**[*16]を構成する方法（Mantegna法）を提案しています[68]。

資産の価格もしくはリターン（時系列）間の相関行列を得ることは、相関係数を重みにもつエッジをすべてのノード間に張り、完全グラフを構築することと同じです。そのため、相関行列から最小全域木のようなネットワーク構造を作成することは、観測された相関の情報をあえて削除する操作であり、情報を失っていると感じられるかもしれません。

しかし、最小全域木を構築することは、重要なつながりだけを抽出し、階層的な類似関係を可視化していると捉えることができそうです。たとえば、同じ業界の銘柄同士は最小全域木上で互いに近い位置にまとまりやすく、階層的クラスタリングのデンドログラム（樹形図）のように捉えることで、投資判断やリスク評価において解釈しやすいネットワーク構造を得ることができます。投資判断のように複雑な意思決定が求められる場面では、必要な情報を要約し、解釈しやすいように示すことに大きな意味があります。また、最小全域木は、銘柄の階層構造や中心となる銘柄（部分木の根に来るノード）の存在を可視化できるため、投資戦略やポートフォリオ管理における有用なヒントが得られる可能性があります。

他にも、資産間のリターン時系列に対しては、グレンジャー因果[*17]を用いて有向エッジを張る手法もあります。Billioらは、複雑化する金融市場のリスク構

＊16　最小全域木（minimum spanning tree）は、与えられたネットワークのすべてのノードを含む木構造です。ただし、ネットワーク内のすべての頂点をつなぐために必要な辺の重みの合計が最小となるように構築されます。

＊17　グレンジャー因果（granger causality）とは、時系列Aを利用すれば時系列Bを先行的に予測できるかを測るもので、いわゆる「統計的因果」とは区別されます。グレンジャー因果について学びたい方は、たとえば『経済・ファイナンスデータの計量時系列分析』[120]などを参照するとよいでしょう。

造の変化を特定するために、複数の金融機関が発行する資産（銀行株・保険株・ヘッジファンドなど）のリターンにグレンジャー因果関係があるかどうかを判定し、有向ネットワークとして構築しました [8]。結果として、銀行と保険会社のリターンがヘッジファンドや証券取引所のリターンに与える影響が、その逆よりも有意に大きいことや、この非対称性が 2007 年から 2009 年の金融危機の前に顕著になったことを指摘しています。また、ネットワーク内で多くの相互接続をもつ中心的な金融機関が、金融危機の際により大きな損失を被ったことも示しています。この例のように、他の分析手法による結果を用いてエッジを追加すると、その分析手法の趣旨に沿った関係を結びつけ、個別の結果を超えたより複雑なネットワーク構造を描き出すことができます。こうしたアプローチは、新たな視点をもたらす可能性があるかもしれません。

リターン予測のためのさまざまなネットワークの作成

本節の冒頭でふれたように、リターン予測もまた、リスク評価と並んで重要なタスクの一つです。他の市場参加者がまだ注目していない重要な特徴量に気付いたり、より精度の高いモデルを学習することができれば、より大きい利益を獲得することにつながります（もちろん、リスクに見合ったリターンが期待されることが前提です)。リターンの予測は、何かしらのネットワークと特徴量、過去のリターンの履歴さえあれば、GNN を用いた教師あり学習のタスクとして実装することができそうです（ただし、他の時間変化を伴う現象に機械学習を用いるのと同様、いつの時点で利用しうる情報なのかに十分注意を払う必要があります)。実際に、GNN を利用し株式のリターンを予測するような取り組みは数多く存在します [108]。

たとえば、サプライチェーンのように明確にネットワークとして存在する情報を利用するほか、前項で取り上げたような、過去のリターン時系列の相関からネットワークを作成するアプローチがあります。Li らは、夜間に起こったニュースの影響と、その伝播を予測に生かすために GNN を活用しています [59]。各株式をノードとし、過去のリターン時系列の相関係数に閾値を設けてエッジを張ることでネットワークを構成しています。また、ノードには夜間に言及されたニュースのテキスト情報が特徴量として付与されています。エッジを張る閾値の設定はチューニングが必要です（Li らの実験では 0.6 に設定されています) が、ある相関係数を境に明確な差があることは想定できず、また相関係数を 0 か 1

の二値に変換する処理も、せっかくの連続的な情報を失ってしまうため、相関係数行列を完全グラフのまま扱うことにも検討が必要かもしれません。

一方で、一つの現象をネットワークにするのではなく、多様な情報を知識グラフとして同時に考慮するアプローチも存在します。Matsunaga らは、多くの市場参加者が利用する企業のデータベースを参照し、さまざまな企業間の関係をもとにした知識グラフを構築しています [70]。より詳細には Nikkei Value Search データセット*18を使用して、176 の企業間のサプライヤー、顧客、パートナー、株主の関係を含む知識グラフを作成しています。また、ノードである企業には、会社、セクター、業界、国、Nikkei 225 にリストされているかどうかなどを示す属性も付与されています。知識グラフと GNN を用いた予測によるバックテスト (Backtesting)*19では、知識グラフの作成と GNN の適用によって、ベンチマークとなる市場インデックスよりも非常に大きいリターンを獲得できたことを示しています。

7.3 労働市場におけるネットワーク分析

労働市場は、労働力に対する賃金を通じて資源である労働力を効率的に配分する仕組みです。一般の市場と同様に、需要と供給が調整されることで、労働力の効率的な活用が実現されます。労働市場でもネットワーク分析が盛んに応用されており、企業内や企業間での労働力や知識のやりとりを理解するために特に重要な役割を果たしています。

労働市場には、他の市場とは異なるいくつかの特徴があります。まず、労働市場で扱われる労働力や雇用は、個人の人格や能力と密接に関係しており、その価値を単純に数値化するのが難しい点が挙げられます。また、労働市場では情報が不完全であることが一般的です。求職者が求人情報を十分に把握できないことで適切な雇用機会を見逃したり、企業が求職者の能力や適性を正確に評価できずに適材を選び損ねる可能性があります。情報不足は他の市場でも見られますが、労働市場ではその影響が特に大きくなりやすい傾向があります。

*18 https://nvs.nikkei.co.jp/

*19 バックテストとは、構築した投資戦略やモデルを過去のデータに対して適用し、その結果を検証する枠組みです。過去の相場状況でどの程度のリターンやリスクが得られたかを確認できます。

また、労働市場は、大きく内部労働市場（internal labor market）と外部労働市場（external labor market）に分けられます。内部労働市場では、昇進や異動、訓練、労働条件の決定が行われ、企業内のキャリア形成やスキル向上が図られます。一方、外部労働市場では、求職活動や採用、退職を通じて労働力が取引され、求職者は自身のスキルや経験を市場に提供し、企業はそれに対して報酬や条件を提示します。外部労働市場では、企業間の競争やスキルの需給バランスが報酬に影響を与えると考えられます。

内部労働市場のネットワーク分析は、たとえば従業員間のコミュニケーションや部署間の連携をネットワークとして捉え、組織のパフォーマンスを分析し向上させる目的や、組織内のコミュニケーション状況を把握する目的で活用されます。外部労働市場のネットワーク分析は、企業間や職業間、業界間、地域間の人の移動をネットワークデータとして捉え、職業紹介事業者などが転職や採用の動向を把握するために用いられます。

本節では、内部労働市場のネットワーク分析の例として「コミュニケーションネットワークを用いたハイパフォーマー人材の特定」を、外部労働市場のネットワーク分析の例として「転職ネットワークを活用した求人推薦」を紹介します。

7.3.1 組織内ネットワークを利用したハイパフォーマーの特定

企業の成功において、組織内で優れたパフォーマンスを発揮する「ハイパフォーマー」を特定することは非常に重要です。特にリーダーシップ、ビジネス知識、強い意欲をもつ人材は、将来のリーダー候補として期待され、企業の持続的な競争優位性を支える重要な資産とみなされます。そのため、ハイパフォーマーを早期に特定し、保持や育成に取り組むことは、組織戦略の実行や最適な組織構造の維持において大きな役割を果たします。

一般的に、組織内でハイパフォーマーを特定する際には、マネージャーや人事部門の専門家、あるいは同僚の意見などの主観的な評価に依存しがちです。特に、複数の組織にまたがるような活動を所属組織から評価することは難しいといえるでしょう。このような評価では、コミュニケーション能力やチームワーク、自己学習力などが評価対象となりえますが、評価者によって評価軸が偏ったり、一貫性の欠如が生じるリスクがあります。近年では、組織内のコミュニケーションやコラボレーションのネットワークを活用し、データに基づいてハイパフォーマーを特定する試みが進められています。特に、コミュニケーションネットワークを利用することで、以下のようなハイパフォーマーの特徴を定量的に把握することが期待されています。

- 組織内での影響力：業績や職位だけでなく、他の社員への非公式な影響力も有していると考えられる
- シナジーの創出：他の社員や部署との協業を通じて効率的に成果を挙げている可能性がある
- 情報共有：業務の遂行において重要となる情報を保持、部署間で橋渡し、情報共有の中心にいる可能性がある

Ye らは、入社してから時間経過とともに発展する組織内コミュニケーションのネットワークに着目し、将来ハイパフォーマーになるかどうかを、入社から 6 ヶ月後に予測する機械学習モデルを提案しています [113]。このネットワークは組織内の電子メッセージから作成されていますが、電子メールや社内 SNS のログを用いれば、電子メッセージのみの観点からはその全貌をサンプリングできているといえるでしょう。提案モデルでは図 7.8 のように、成長するネットワーク構造を考慮するために GCN と LSTM を組み合わています。

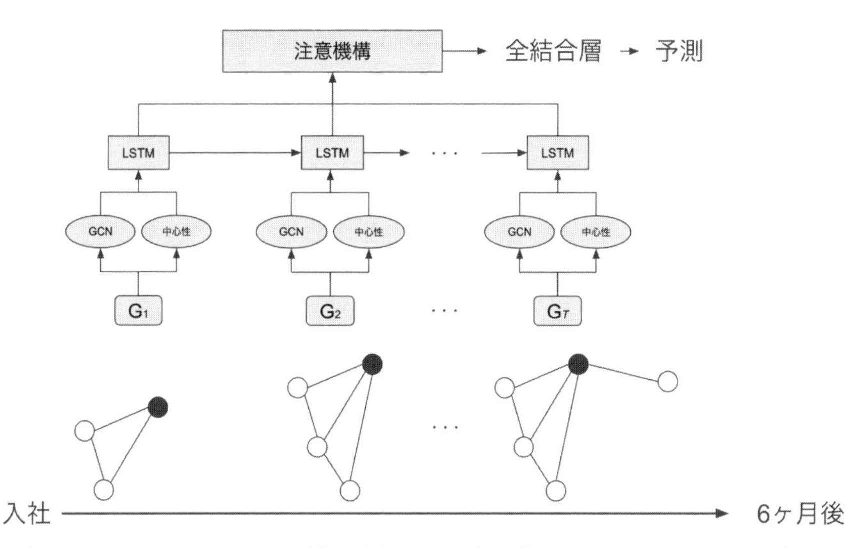

■図 7.8: GCN と LSTM の組み合わせにより、社内コミュニケーションネットワークの発展を考慮するモデルの概要。

このモデルでは、予測対象の人物を中心としたエゴセントリックネットワーク[*20]が入力となり、ノードには人物のデモグラフィック情報（属性情報）が付与されています。単位時間（月）ごとのネットワークが GCN 層の入力となるほか、各種中心性指標が算出され、これらが LSTM 層へ入力されます。最終的に注意機構と全結合層を通して予測結果が出力されます。実験では、421 人のハイパフォーマーと 920 人の非ハイパフォーマーを対象としたデータで検証が行われ、提案モデルが他のモデルよりも高い予測精度を示しました。

また、組織内のネットワーク分析はハイパフォーマーの特定にとどまらず、さまざまな応用例があります。たとえば、密なコミュニケーションや共同プロジェクトを通じた影響力を考慮して離職リスクを予測することも一つの大きなトピックです。同僚の転職が自身の転職意向に影響を及ぼすことがあるように、ネットワークを用いて離職の兆候を早期に察知できれば、組織は問題を特定し、配置転換などの対策を講じることができます。人材流出を抑えることは、採用コストの削減やチームのエンゲージメント向上にもつながります。たとえば Teng ら

＊20　エゴセントリックネットワークとは、特定のノード（エゴ）と、その隣接ノード（アルター）からなる誘導部分グラフのことを指します。言い換えると、ネットワーク上で「中心となるノードに着目し、そのノードの周囲に広がるつながり」にフォーカスするネットワークです。

[100, 101] は、離職予測において、組織内構造と離職との関係をモデル化し、ネットワーク構造を取り入れることで予測精度が向上することを確認しています。

7.3.2　転職ネットワークの分析

LinkedIn や Indeed といったオンライン採用プラットフォームでは、求職者と求人情報を最適にマッチングする「Person-Job Fit」に取り組む手法が盛んに開発・運用されています。ここでいう Job とは、企業が募集するポジションや職務のことで、たとえば「ソフトウェアエンジニア」「データサイエンティスト」「経理担当」などを指します。また、Person-Job Fit とは、求職者と求人情報の特徴をそれぞれ抽出し、推薦や転職予測のタスクに応用するものです。通常の推薦とは異なり、採用プロセスでは企業と求職者双方の選好が一致しなければ雇用関係が成立しないため、双方の意思が考慮される点が重要です [66]。

求人情報の特徴としては、企業の事業内容（業界）、職務の内容（職種）、求められるスキル、勤務地情報に加え、組織のカルチャーや採用傾向などが挙げられます。一方、求職者の特徴としてはスキルや経歴、関わってきた業界や職種、前職の年収といった情報が考慮されます。しかし、こうした情報は求人票や職務経歴書に簡潔に記述されていることが多く、詳細な内容が欠けている場合もあります。また、同様の業務であっても企業によって異なる職位の名称が使われる場合もあり、たとえばある企業の「データサイエンティスト」は、別企業の「機械学習エンジニア」や「データエンジニア」の職務も含むことがあります。求人票や職務経歴書だけでは情報が不十分な中で、このような職務や職位の違いを補うため、転職ネットワーク（talent-flow network）を活用する取り組みが行われています。

活用の手段として、こうしたネットワークにノード埋め込みを単純に適用することも考えられますが、より工夫が加えられた取り組みもまた存在します。Zhang らは、転職ネットワークを直接ノード埋め込みするだけでなく、ジョブタイトル*21の意味や相互適合性も考慮する Job2Vec という埋め込みモデルを提案しています [115]。ここでの転職ネットワークでは、ジョブ（ポジション）をノードとし、実際に人が移動した経路（例：「A 社のソフトウェアエンジニア」から「B 社のプロダクトマネージャー」へ転職）をエッジとして表したものです。こ

＊21　「データサイエンティスト マネージャ」や「機械学習エンジニア」など、職務内容や責任範囲を表す役割名のことを指します。

のネットワークの作成方法は第 2 章で扱った、「複数の経路を貼り合わせる」というものです。

Job2Vec は、以下の三つ（ (a),(b) を含んで四つ）の観点をオートエンコーダで学習し、各ジョブの特徴を多面的に捉えた埋め込みを生成します。そのモデルの全体像を図 7.9 に示しました。

- 観点 1：転職ネットワークの構造。採用市場全体における各ジョブの潜在表現とその近傍構造を抽出
- 観点 2：ジョブタイトルのテキストの潜在的な意味を抽出
- 観点 3：二つのジョブ間の流動性（相互的な異動のバランス (a)、異動後の定着度 (b)）。類似するジョブ間の遷移パターンを解析

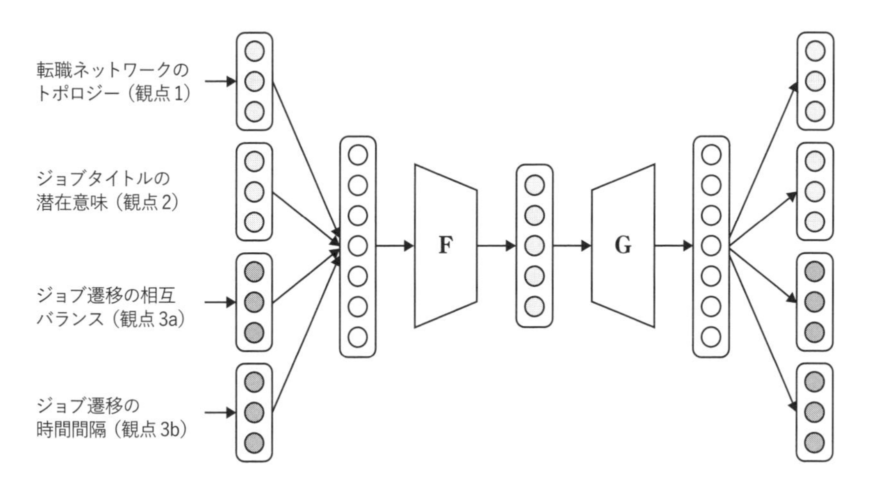

▪ 図 7.9: Job2Vec 学習モデルの全体像（文献 [115] 図 4 をもとに著者ら作成）

Zhang らは結果として、LinkedIn から作成した IT 業界と金融業界の転職データセットを用いて、リンク予測において DeepWalk や node2vec など他のノード埋め込みのベンチマークよりも良い性能を発揮したことを報告しています。それぞれの観点の詳細については Zhang らの論文を参照ください。また、類似する特徴量を以下のように作成することもできそうです。

観点1では、各ジョブをノードとした転職ネットワークを作成し、DeepWalk や node2vec を適用できそうです。より単純には、職務経歴書などから抽出した個々人の経歴がそのままジョブの系列になっているため、前処理を施した後にジョブをトークンとした word2vec を実施することも考えられそうです。観点2では、各ジョブのテキストを、事前学習済みの word2vec や BERT で埋め込んでしまうのが手軽かもしれません。観点3(a) では、式 (7.1) のようにジョブ i, j 間の遷移バランス $TB(v_i, v_j)$ を集計でき、Zhang らの手法でも同様の値が損失関数に組み込まれています。w_{ij} はジョブ i からジョブ j への転職人数に基づく重みです。

$$TB(v_i, v_j) = \exp\left(-\frac{|w_{ij} - w_{ji}|}{w_{ij}w_{ji}}\right). \tag{7.1}$$

観点3(b) では、ジョブ i からジョブ j に遷移するまでの滞在時間の平均（またはその分位点など）を用いればよいでしょう。

7.4 情報推薦におけるネットワーク分析

EC サイトやサブスクリプションサービスの発展に伴い、情報推薦（レコメンデーション）は膨大な選択肢の中からユーザにとって有用なアイテムを提示するための重要な技術となっています。多くのオンラインサービスに情報推薦が導入され、ユーザ体験を向上させる役割を果たしています。特に、ユーザの嗜好が多様化する中で、ユーザの特性や過去の行動履歴に基づいて最適なアイテムを提供する「パーソナライズされた情報推薦」の重要性はますます高まっています。ユーザに対して個別に最適化された情報を提供することで、ユーザの満足度を高め、サービスの利用頻度を向上させることが期待されます。

7.4.1 協調フィルタリングに基づく推薦

協調フィルタリング [92] は、ユーザの嗜好や行動パターンをもとに、似た嗜好をもつ他のユーザや性質の似たアイテムを利用してアイテムを推薦する手法であり、パーソナライズされた情報推薦を実現するための代表的な手法として、多くのサービスで利用されています。この協調フィルタリングにおいて、近年はネットワーク分析を応用する手法が注目されています。

協調フィルタリングをネットワークとして捉える場合、ユーザとアイテムの関係を視覚化することが効果的です。たとえば、ユーザがアイテムに対して何らかのアクション（購買、視聴など）を行ったことを二部グラフで表現するのが自然なアプローチです。この二部グラフでは、ユーザとアイテムをそれぞれ異なる種類のノードとし、ユーザがアイテムに対して行ったアクションをエッジとして表現します。このような構造を利用することで、ユーザ間やアイテム間の隠れた関係性を発見し、より精度の高い推薦を目指すことができます。

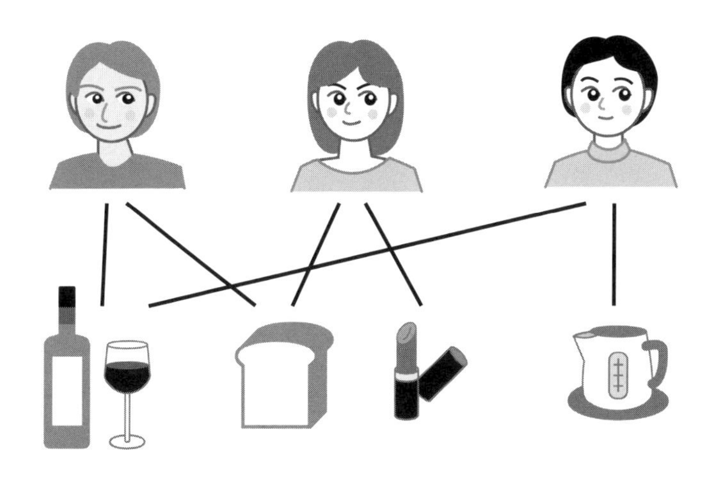

▪ 図 7.10: ユーザとアイテムから構成される二部グラフ（再掲）

NGCF（Neural Graph Collaborative Filtering）[110] では、この二部グラフを GCN により特徴ベクトルに変換することで、ユーザとアイテムのより高次なインタラクションを捉え、それまでデファクトスタンダードであった行列因子分解[*22]を用いた手法よりも高い性能を出すことを示しました。その後、情報推薦向けに GCN の大きな特徴である特徴変換や活性化関数を大胆に取り除き、「ノード間で情報をやり取りする」というメッセージ伝達（message passing）だけに特化したシンプルなアーキテクチャとして LightGCN [38] が提案されました。こ

＊22　行列因子分解では、ユーザがあるアイテムを購買したかどうかを示す行列を、低次元の行列（またはベクトル）の積で近似し、その低次元ベクトルをユーザやアイテムの潜在的な特徴として解釈します。

の取り組みでは、スタンダードな GCN の構成要素である特徴変換や非線形な活性化が、協調フィルタリングにおいてはほとんど効果を発揮しないことを示しています。この流れを受けて、UltraGCN [69] では、メッセージ伝達の簡略化を検討し、メッセージ伝達が収束した状態を直接学習するような手段をとることで、グラフ畳み込み層をスキップできる可能性があることを示しました。興味深いことに、アーキテクチャを簡略化するにつれて、主要なベンチマークデータセットにおける性能が向上していったのです。

このように、標準的な協調フィルタリングにネットワーク分析を適用して情報推薦の性能向上を目指す研究が盛んに行われています。その中で、GCN のアーキテクチャをシンプルにしながらも高い性能を達成しようとする動きが特に注目されています。協調フィルタリングにおいてはユーザやアイテムがあくまで ID として表現されるため、シンプルな変換との相性がよいのではないかと指摘がされています。

実際の応用例として、フードデリバリーサービスを運営している Uber における、ユーザへのレストランや料理の推薦の取り組みを紹介します [44]。Uber では、レストランや料理の推薦のために、ユーザの過去の注文を表現する 2 種類の二部グラフを構築しています。

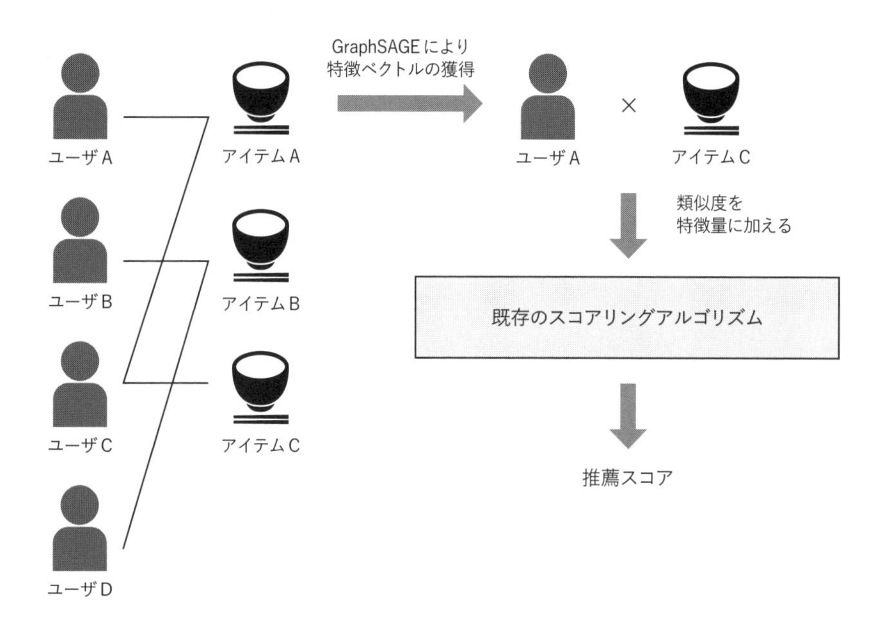

▪ 図 7.11: Uber における推薦への GNN の活用事例（文献 [44] をもとに著者ら作成）

Uber では、ネットワークの成長に追従しやすいという観点から、GNN のアーキテクチャに GraphSAGE を採用しています。GraphSAGE が未知のノードの出現に柔軟に対応できるという特徴は、新規ユーザや新規レストランが頻繁に登場するドメイン特性との相性が良く、有効に活用されている例といえます。しかし、対象のネットワークが二部グラフかつ重み付きネットワークであるため、従来のアルゴリズムをそのまま適用するのではなく、その拡張を行っています。たとえば、ユーザがアイテムを「注文したかどうか」だけでなく、「注文した回数」を反映できるように、推薦タスクにおける損失関数が導入されています。これは、「ユーザが一度だけ注文しそうなアイテム」よりも「ユーザが何度も注文しそうなアイテム」を優先して推薦したい、という自然な発想に基づいています。このように、既存手法にとらわれずアルゴリズムの一部を変更したり拡張できると、さまざまな事象に対しネットワーク解析技術を効果的に応用できる幅が広がります。

過去の注文履歴データを用いた検証では、この手法によって得られるユーザとアイテムの類似度に基づいた推薦が、既存の推薦アルゴリズムと比較して約 20 ポイントの性能改善をもたらすことが示されています。また、得られる類似度の特徴量を既存モデルに導入することで、ユーザエンゲージメントや CTR（Click Through Rate）が大幅に向上することを A/B テストによって検証しています。

7.4.2　知識グラフに基づく推薦

さらに発展した話題ですが、知識グラフをもとにした推薦も広く扱われています。アイテムやユーザだけでなく、色やジャンルなどのアイテムに紐付く情報や、年齢などのユーザに紐付く情報、ユーザ同士のインタラクションなど、推薦を行うシステムを取り巻くさまざまな要素をエンティティやリレーションとしてネットワークに取り入れることが考えられます。

このように、補助情報となる要素をネットワークに組み込むことで期待できる恩恵を二つ紹介します。一つは、手がかりとなる情報が増えることによる推薦性能の向上です。たとえば、ファッション商品を扱う EC サイト上で、「あるユーザがお気に入りの色の服を好む傾向が強い」のであれば、その色を補助情報としてネットワークに加えることで、より精度の高い推薦が可能になるでしょう。もう一つは、手がかりとなる情報が増えることによる説明性の向上です。二部グラフにおける協調フィルタリングでは、似た購買傾向をもつユーザの履歴をもとに推薦するため、「なぜそのアイテムを推薦したのか」について、その根拠を明示するのは容易ではありません。一方で、ネットワーク上の補助情報を活用すれば、推薦の根拠を提示しやすくなるため、ユーザの納得感や満足度をより高めることが期待されます。

Balog らは、推薦の根拠を提示するような仕組みを備えたネットワークアーキテクチャを提案し、推薦の根拠に対するユーザのフィードバックに追従して推薦性能を改善できる可能性を示しています [4]。同じような理由から、新規のアイテムやユーザに対して推薦がうまく作用しないコールドスタート問題も緩和することができるでしょう。コールドスタート問題は、ユーザやアイテムに対するインタラクションが少ないことを主な原因としますが、補助情報を用いることで、インタラクションが少なくても、推薦の質を向上させることが期待されます。

知識グラフを用いた有名なアプローチの一つに、KGAT（Knowledge Graph Attention Network）[109] があります。KGAT では、知識グラフの構造を反映したノード埋め込みを学習しながら、実際の購買などのユーザ – アイテムインタラクションを組み合わせることで、高い推薦精度を目指す手法です。内部にGATフィルタを備えており、ユーザにアイテムを推薦する際の根拠を、知識グラフ上のどのノードやエッジに強く注意がむけられているか（注意スコア）によって解釈できる点が特徴です。

ここで、ファッション通販サイトを運営している、株式会社ZOZO（以下、ZOZOとする）における知識グラフを用いた推薦に関する取り組み[125]を紹介します。ファッション通販で取り扱われる服は、その色やブランドなど、多種多様な情報が紐づいており、ユーザにも年齢や性別などの情報が存在します。実際、これらの要素が複雑に絡み合いながら、どの服を購入するかが決定されることはよくあるでしょう。ZOZOは、これらの要素を知識グラフとして整理し、KGATによる説明性のある推薦を検証しました。具体的には、アイテムのブランドやショップ、ユーザの年代などの全17種類の補助情報を知識グラフとして構築し、KGATを適用しています。

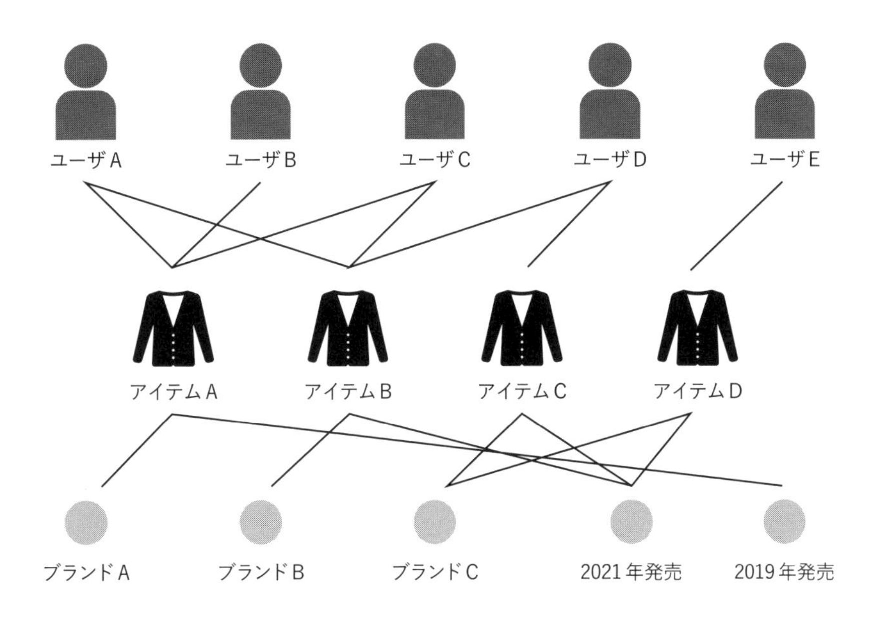

▪図7.12: ZOZOにおける知識グラフのイメージ(文献[125]をもとに著者ら作成)

評価の結果、補助情報を利用しない手法と比較して推薦性能が向上し、同様の知識グラフに基づいた推薦手法の中でも高い性能を示すことが確認されています。これにより、補助情報を利用する重要性とKGATの洗練されたアーキテクチャの有効性が示唆されています。

さらに、推薦理由の説明性についての検証として、知識グラフ上にKGATにより得られた注意スコアを可視化し、ユーザがあるアイテムを推薦された理由を追跡可能にしました。図7.13に示す例では、アイテム5を推薦する根拠として、アイテム1の購買履歴から「同一ショップやブランドとの関連」が強調されているだけでなく、ユーザ自身がブランドαを「お気に入り登録」している事実にも注目しています。たとえば、「お気に入り登録しているブランドαの新作なのでおすすめです」といった形で理由を明示すれば、ユーザがより納得感をもって購入する可能性があります。また、ショップβのアイテムであることを伝えることで、ユーザ自身も気づいていなかった新たな嗜好を再発見するきっかけになるかもしれません。さらに、このような知識グラフを用いた推薦理由の追跡は、元になったリレーションやエンティティを自然言語として参照できるため、7.1節で扱ったとRAGの発展と同様に、大規模言語モデルとの相性も良さそうです。

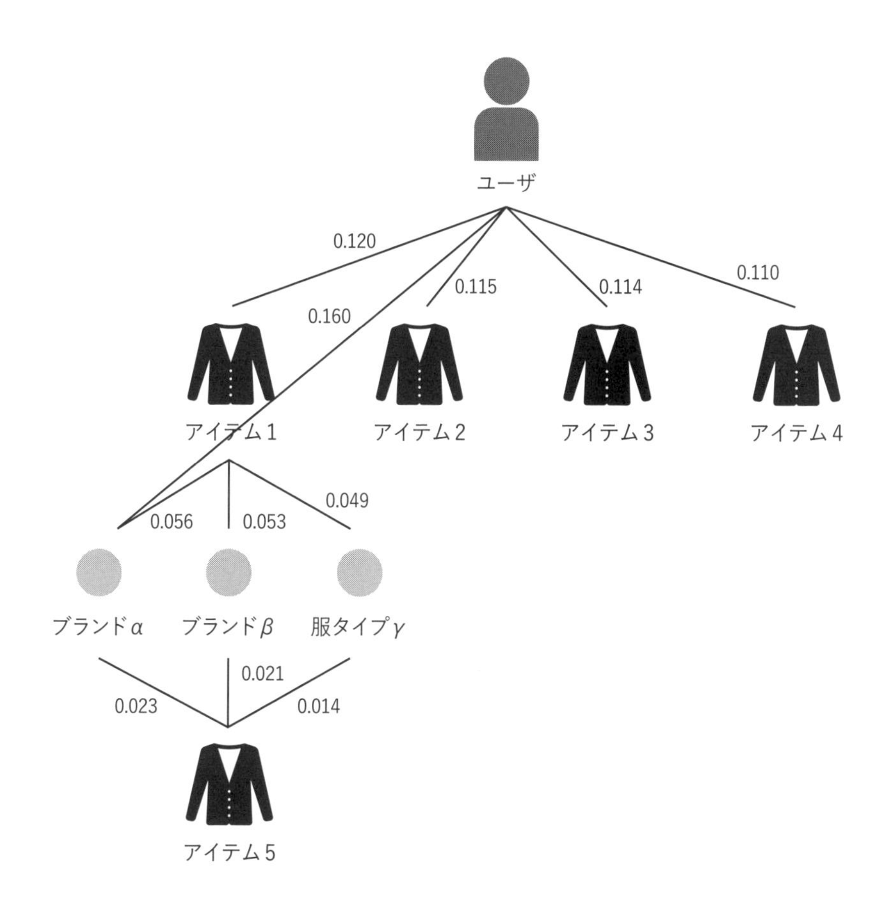

▪図 7.13: KGAT を用いた推薦理由の説明の例（文献 [125] をもとに著者ら作成）

発展した事例として、ZOZO では、補助情報の圧縮にも挑戦しています [96]。前述のように、多様な補助情報を扱える手法は、表現力が高い一方で計算コストが増大し、推薦性能が安定しない場合がありました。そこで、潜在クラス分析 [39]（観測されたデータから共通の特徴をもつ潜在的なグループを推定する手法）の考え方を応用し、類似した補助情報をまとめて扱うことで、計算コストの大幅削減と推薦性能の向上を同時に実現しています。

7.4.3 最小費用流問題の応用

情報推薦の評価指標として、推薦したアイテムがどれだけ購買されるかを示す適合度（relevance）以外にも、多様性や公平性など、さまざまな観点が重要視されています。これら複数の観点のバランスを考慮しながら、より良い推薦を提供する枠組みとして注目されているのが、**最小費用流問題（minimum cost flow problem）**[42] です。最小費用流問題とは、ネットワークにおける資源の「効率的な輸送」を求める問題であり、感覚的には、「輸送コストを最小限に抑えながら、決められた量の資源を供給地から需要地に届ける方法を見つける」という問題だと考えると分かりやすいです。この問題は線形計画問題*23の一種であり、効率的な解法が研究されています。

Mansoury らは、推薦におけるアイテムの公平性（fairness）に着目したアルゴリズムを提案しています [67]。オンラインサービスでは、人気の高いアイテムばかりが推薦されやすい傾向にあり、高品質でありながらほとんど推薦されないアイテムが数多く存在します。人気の高いアイテムへの偏りを緩和し、できるだけ多くのアイテムが同程度に推薦されることを目指すのが、公平性を考慮した推薦です。Mansoury らの手法では、まずユーザとアイテムからなる二部グラフを構築し、最小費用流問題として定式化することで公平性のある推薦を実現します。具体的には、ユーザ i からアイテム u へ流れを割り当てる際のコストを式 (7.2) のように定義し、これを最小化するよう最小費用流問題を解きます。ただし、d_i はアイテム i がもつエッジ数、rank_{iu} はユーザ u に対するアイテム i の関連度順位です。

$$\alpha \times d_i + (1-\alpha) \times \mathrm{rank}_{iu}. \tag{7.2}$$

ここで α は人気の高さと関連度の低さに対するコストを調整するハイパーパラメータです。人気の高さと関連度の低さに対して発生するコストを小さくすることで、単純に関連度の高いアイテムのみを提示するのではなく、あまり推薦されていないアイテムにも一定の流れが割り当てられるため、多様なアイテムが推薦されるようになります。実際の実験でも、推薦の精度を大きく損なうことなく、少なくとも一度は推薦されるアイテムの割合を飛躍的に高められることが示されています。

---

*23　線形計画問題（linear programming）とは、線形な目的関数を線形な制約条件のもとで最大化または最小化する問題です。

さらに応用事例として、音楽ストリーミングサービス Spotify における情報推薦のキャリブレーション（calibration）を紹介します [1]。機械学習におけるキャリブレーションとは、モデルが出力する確率が現実の確率とどれくらい一致しているかを調整するプロセスのことです。これまでに紹介した多くの手法は、ユーザとアイテムのベクトル表現を学習し、その類似度に基づいて推薦アイテムを決定するものでした。しかし、このようなアプローチでは、ユーザが頻繁に購入・視聴するアイテム（またはカテゴリ）ほど強く推薦に反映され、購買・視聴頻度が低いアイテムは過小評価されやすいという問題が生じます。Spotify では、ユーザの視聴履歴に含まれるカテゴリ分布と、最終的に推薦されるコンテンツ集合のカテゴリ分布がなるべく近くなるように工夫をしています。具体的には、この二つの分布間の差異を測る指標としてカルバック・ライブラー情報量（Kullback – Leibler divergence）が用いられていますが（詳細には踏み込まず、ここでは割愛します）、この指標をうまく扱うことで、「ユーザが頻繁に視聴するジャンルを中心としつつ、たまにしか視聴しないジャンルも適度に含む」ように推薦を行うのです。もともと、同じスコア関数を最大化する最適化問題を直接解く研究 [94] もありましたが、最小費用流問題として定式化することで、より効率的に最適なアイテムの割り当てを計算できるようになっています。

このように、最小費用流問題の枠組みを利用すると、単なる適合度以外のさまざまな要素（公平性、多様性、キャリブレーションなど）を同時に考慮しつつ、計算効率を保ったまま推薦を最適化できる点が大きな魅力です。今後は、さらに高度な定式化や、他の最適化手法との組み合わせにより、より複雑な条件を組み込んだ推薦の実現が期待されます。最小費用流問題をはじめとした最適輸送についてより学ばれたい方は、たとえば『最適輸送の理論とアルゴリズム』[123] を参照されるとよいでしょう。

本節では、情報推薦におけるネットワーク分析の応用事例をいくつか紹介してきましたが、それらの多くはユーザとアイテム間の二部グラフを利用しています。このような構造は、ユーザとアイテムの関係を直接的に表現できるため、推薦タスクとの相性が良く、現在ではスタンダードなアプローチといえるでしょう。

7.5 複雑ネットワークと社会ネットワークの分析

社会ネットワークとは、人と人との関係をネットワークで表現したものです。友人関係、仕事上のつながり、オンラインでのやり取りなどその形態は多岐にわたり、関係性の強さも気軽な知人から深い絆で結ばれた親友までさまざまです。中でも現代社会においては、Facebook や X（旧 Twitter）、LinkedIn などの SNS が発達し、私たちのコミュニケーションはオンライン上に広大なネットワークを形成しています。こうしたサービスでは、個人間のコミュニケーションに関するきめ細かいデータがログデータとして大規模に蓄積されるため、その分析もサービスの発展とともに推進されてきました。たとえば、これまで紹介してきたノード分類やリンク予測、埋め込みを用いた特徴抽出といった分析手法は、そのまま SNS に適用することが可能です。具体的には、ノード分類によってデモグラフィック情報の欠損値を予測したり、リンク予測によって新たにつながるべきユーザを推薦することが考えられます。

これらの技術のように、ネットワークを分析する技術は特に機械学習の分野で発展していますが、「**複雑ネットワーク（complex network）**」や「**ネットワーク科学（network science）**」といった分野では、それ以前から多くの研究が積み重ねられ、社会ネットワークやその他のネットワークの分析に活かされてきました。そこで本節では、ここまで本書で扱っていない複雑ネットワークの分野を概観し、その知見が社会ネットワークにどのように応用されているかを、フェイクニュースの情報拡散分析の事例を取り上げ、紹介します。

7.5.1 複雑ネットワーク

実世界では、ここまで見てきたように、多くの分野でネットワーク構造をもつデータを観測することができます。これらのネットワークは一見すると単純には捉えきれない複雑な性質を示しており、その総称として複雑ネットワーク（complex network）と呼ばれています。さらに、これらの複雑ネットワークは、「完全にランダムなネットワークには見られない**定型化可能な共通の性質(stylized facts)**」を頻繁に有していることがわかっています。その代表例として、「スモールワールド性」と「スケールフリー性」が挙げられます。

スモールワールド性とは、その名の通り世界が狭いことを表す性質で、「6 次の隔たり」という言葉でも知られています。世界中からどの 2 人を選んでも、6 人程度の知人を介せばつながっているという概念です。このことを第 3 章で扱ったネットワークに関する指標で考えると、ネットワークの大きさに比べてノード間の平均距離や直径は小さく、クラスター係数は大きくなっている、ということになります。このような性質をもつネットワークは、スモールワールドネットワークと呼ばれます [111]。

一方、スケールフリー性とは、ごく少数のノードが多くのつながりを占有し、ハブのように機能している状態のことを指します。たとえば、一部のインフルエンサーが数千万人のフォロワーをもつ一方で、大半のユーザのフォロワーは数百人以下であるというように、SNS もスケールフリー性をもつネットワークの一例です。この特徴の一つにネットワークの次数分布がべき乗則に従う点があります。つまり、ノードの次数を d としたとき、その確率分布 $P(d)$ は $P(d) \propto d^{-\gamma}$ に従うということです[*24]。

さらに、スモールワールド性やスケールフリー性に加え、コミュニティ構造 [80] や階層構造 [35] も、実ネットワークに共通する典型的な性質の例として知られています。これらの性質がどのようなメカニズムで生成されるかを理解するため、ネットワーク生成モデルの研究が進められてきました。代表的なモデルに、バラバシ・アルバートモデル（Barabási-Albert モデル；BA モデル）[5] があります。

BA モデルは、「成長」と「優先的選択（preferential attachment）」を表現するシンプルなメカニズムにより、スケールフリー性を有する人工的なネットワークを生成します。ここで、「成長」は時間とともにノードやエッジが追加されることを、「優先的選択」は、新規に追加されるノードが既存のノードとつながる際、より大きい次数をもつノードが優先して選ばれることを指します。このような状況は、たとえば SNS で新しいユーザが有名人やインフルエンサーをフォローする可能性が高いといった実社会でもよく見られるものです。

BA モデル以外にもさまざまなネットワーク生成モデルが開発され、異なる stylized facts の再現や、その数理的背景の解明が試みられています。こうした生成モデルを考えることによって、ネットワークにおける stylized facts がどのよ

＊24 特に $2 < \gamma < 3$ のときを指してスケールフリーネットワークといわれます。この範囲では、$N \to \infty$ のとき、平均次数 $\bar{d}$ は収束するのに対し、次数の 2 乗の平均 $\bar{d^2}$ が発散する特殊な状態となります。これにより、次数の分散 $\bar{d^2} - (\bar{d})^2$ もまた発散し、極端に多くのつながりを有するハブが存在し得ることになります。

うなメカニズムで生じるのかを類推したり、観測されたネットワークの構造を説明するためのパラメータやプロセスを推定したりすることが可能になります。本節では、社会ネットワークの分析として、stylized facts に基づいて洞察を得る取り組みの事例を紹介します。

7.5.2　エコーチェンバーとフェイクニュースの分析

インターネットやオンラインメディア、SNS の登場により、私たちが情報を得て議論し、意見を形成する方法は大きく変わりました。以前はテレビや新聞など中央集権的なメディアから情報を得ていましたが、現在では SNS を通じてニュースや情報が直接的に広まるプロセスが主流となりました。従来の対面での会話と異なり、インターネットの普及によって地理的・時間的制約を超え、情報の伝播は格段に速くなっています。

この変化によって、多様で平等な議論の場が生まれることに期待が集まりましたが、次第に**エコーチェンバー（echo chambers）**の存在が指摘されるようになりました。エコーチェンバーとは、同じ意見や信念をもつ人々が集まり、異なる意見や情報が入りにくい状態を指します。こうした状況では、ある意見がグループ内で繰り返し反響し、意見の総体がより極端に強化される傾向が見られます。

さらに、SNS 上ではフェイクニュースの存在も深刻な問題になっています。単なる誤情報にとどまらず、悪意のある偽情報や陰謀論といったフェイクニュースが SNS で急速に拡散し、真実のニュースよりも早く広まることが報告されています [107]。このような状況では、エコーチェンバー内でフェイクニュースが発信・強化され、その外側にも急速に広がる可能性が懸念されます。

Törnberg は「意見の分極化」と「ネットワークの分極化」の二つの要因が組み合わさると、それぞれを単独で考えた場合よりも情報拡散の可能性が高まることを指摘しています [102]。「意見の分極化」とは、あるテーマについて同じグループの人々が似たような意見を共有している状態を指します。たとえば、政治的な話題で一つの政党を支持し、共通のイデオロギーをもつ集団は「意見の分極化」が強いといえます。一方の「ネットワークの分極化」は、グループ内の人々が密接につながっているにもかかわらず、グループ外の人々とはほとんどつながっていない状態を指します。SNS 上で同じ趣味や関心をもつコミュニティが強いつながりをもっており、他の趣味をもつユーザ達とのつながりが弱い場合、そのグループは「ネットワークの分極化」が強いといえます。

この研究では、これら二つの分極化を組み込んだネットワーク生成モデルを用いたシミュレーションによって、エコーチェンバーが情報拡散にどのような影響を与えるかが検討されています。まず、「意見の分極化」を反映させるために、各ノードには情報を受け入れにくさを示す閾値パラメータが設定され、割り当てられたグループ内のユーザに対してはこの閾値がより低く設定されます。つまり、グループ内のユーザからはより情報を受け入れやすいようになっています。さらに、この効果を正確に比較するため、ネットワーク全体のランダムに選んだノードにも同様の閾値を与える対照実験が行われています。「ネットワークの分極化」については、グループ内のノード間でエッジが張られる確率を高くし、外部との間については低くすることで再現されています。これにより、グループ内部の結びつきは強まる一方、外部との接点が制限される構造が作られます。

このようなモデルを用いたシミュレーション結果と、実際の Twitter（現 X）のデータの分析の結果から、以下の知見が得られたとしています [102]。

- エコーチェンバーは情報の拡散を加速させる。エコーチェンバー内で情報が急速に広まり、それがネットワーク全体への拡散の足がかりとなる
- ネットワークの分極化と意見の分極化が進むと、情報の拡散力はさらに増加する
- ネットワークの分極化が極端になると、情報がエコーチェンバー内に閉じ込められ、拡散力は低下する

これらは、異なる視点への接触機会を増やし、ネットワーク内の多様なつながりを促進することの重要性を示唆します。SNS やメディアは、異なる視点や信頼性のある情報にふれる仕組みを提供することで、エコーチェンバー内での極端な意見の強化や誤情報の拡散を抑え、健全に情報共有を行うための環境を形成することを考えなければならないでしょう。

このような取り組みは、ノード埋め込みや GNN のような帰納的な機械学習アプローチとは異なり、stylized facts を解明するために理論モデルからの洞察を得る「演繹的な」アプローチです。帰納的なアプローチが大量のデータからパターンや規則性を見つけ出し、それを一般化することに注力する一方、演繹的アプローチでは仮説や理論に基づいてモデルを構築し、そこから得られる結果をもとに現象のメカニズムを検証しようとします。

この演繹的アプローチの強みは、特定の理論や仮説に基づいて精緻に設計されたシミュレーションにより、複雑なネットワークの構造や動的特性を詳細に分析できる点です。たとえば、ネットワークの分極化や意見の分極化といったメカニズムを制御し、シミュレーションの結果からその影響を推し量ることができます。これは、SNS上でのフェイクニュースや誤情報の拡散にどのように歯止めをかけるべきか、あるいは偏った情報に接するリスクをどう軽減するかといった実社会の課題に対しても、理論的な指針を与えるでしょう。

一方で、演繹的アプローチと帰納的アプローチは対立するものではなく、相互に補完し合う関係にあります。たとえば、機械学習によって見つかったデータのパターンが演繹的なモデルの仮説を裏付けたり、逆に演繹的モデルから得られた知見が機械学習モデルの特徴設計に役立つこともあります。こうした組み合わせにより、データ主導の分析と理論主導の分析を統合することで、ネットワークの構造や挙動を多角的に理解できる新たな可能性が広がっています。

本節で簡単に紹介した複雑ネットワークやネットワーク科学についてさらに知りたい読者は、本書の冒頭で示した関連書籍を参照されるとよいでしょう。

7.6 生物学におけるネットワーク分析

最後に、ネットワーク分析の主要な応用先の一つである生物学分野での活用事例を見てみましょう。生物学は、遺伝子や細胞といったミクロな対象から、地球上の生態系といったマクロな対象まで、幅広いスケールの生命現象を扱う学問です。これらの多様な対象は、いずれもネットワークとして捉えられる可能性があり、社会的にも大きな意義をもつ研究領域となっています。本節では、いくつかの具体的な事例を紹介します。

まず、物質を構成する分子は、原子をノードとして、原子間の結合をエッジとするネットワークで表現できます。特に有機分子であるタンパク質は、その相互作用によって生命活動に必要な機能を担う重要な存在です。体内における分子レベルの活動を紐解くと、分子構造だけでなく分子間の相互作用もネットワークになっていることがわかります。こうしたネットワークを解析することで、生命活動のロジックを深く理解したり、より効率的な機能を実現するうえでの手がかりを得られる可能性があります。たとえば創薬分野においては、タンパク質間の相互作用のネットワークを調べることで、病気の原因となる分子経路を特定し、新しい治療薬の開発に活かすことが期待されています。

一方で、マクロな視点では、地球上のさまざまな生物同士が影響を及ぼしあう生態系の存在があります。生物間には、互いに利益を得る相利共生や、片方が利益を得てもう片方が害を受ける片利共生など、さまざまな関係が存在します。これらの関係をノード（種）とエッジ（相互作用）として表すことで、生態系をネットワークとして捉えられます。生態系の安定性や多様性を評価するために、この種間の相互作用ネットワークを活用する研究は大きな意義をもつと考えられています。

7.6.1 生態系ネットワークの分析

生態系をネットワークとして表現する方法の一つに、エネルギーの流れをエッジとみなす手法があります。具体的には、ある種を「被食者」、それを捕食する種を「捕食者」として定義し、その関係を有向エッジで結ぶことで、エネルギー移動の様子を食物網ネットワークとして表現します。さらに、農業や狩猟など、人間による介入も生態系とのエネルギーのやりとりとしてモデル化することが可能です。そのイメージを図 7.14 に示しました。

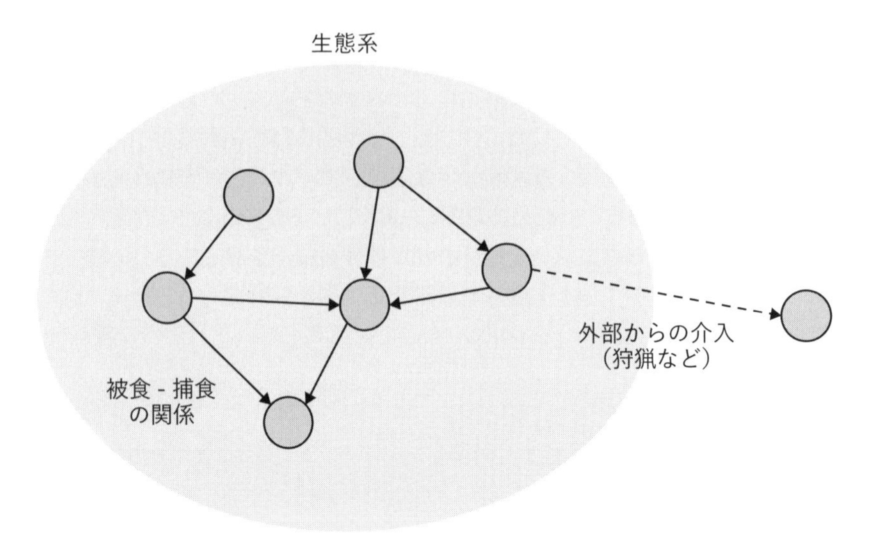

■図 7.14: 生態系ネットワークのイメージ

このようなネットワークについて、その安定性などの状態を評価するには、指標の開発や活用が不可欠です。適切な指標を用いることで、生態系の安定性や多様性を正しく評価でき、有用な知見を得ることができます。たとえば、巡回指数（Finn Cycle Index）[28] は、生態系外から取り込んだエネルギーに対して、生態系内でどれだけエネルギーが循環しているかを示す指標です。エネルギーが生態系内で多く循環するほど、外部からのエネルギー供給への依存度が低くなり、生態系がより安定していると考えられます。また、巡回指数は特定のシステムにおける資源の循環度合いを評価しているため、生態系の評価にとどまらず、さまざまな分野で応用されています。たとえば、製造業におけるローカルなサプライチェーンネットワークの強度を評価するために、巡回指数を用いる取り組みがあります [14]。

生物は被食 – 捕食の関係を重ね合わせて食物連鎖を形成しますが、その中での種の平均的な「位置」を栄養段階と呼びます。植物などの生産者[*25]は栄養段階が低く、肉食動物は栄養段階が高いといえます。この栄養段階を、生態系内のバイオマス（ある生物群集に含まれる生物体の総量を指し、質量として計測されるこ

＊25　生態系において太陽光エネルギーなどを利用して有機物を生産する生物を指します。

とが多い）を重みとして平均的に算出したものが「平均栄養段階」であり、特に漁業が海洋生態系に与える影響を評価する指標として広く利用されています [82]。

漁業は往々にして、海洋生態系の上位に位置する（栄養段階の高い）魚種を集中的に捕獲しがちであり、その結果、地域の海洋生態系の平均栄養段階が低下する事例が報告されています [81]。この平均栄養段階の低下は、漁業による資源管理のみならず、生物多様性全体に影響を与える可能性があるため、重要な研究課題として注目されています。

さらに、生態系全体の評価だけでなく、ネットワーク内で特に大きな影響力をもつ種（ノード）を見つけ出す取り組みも行われています。このような種の重要度を測る指標は キーストーン指標（Keystoneness）[45, 103] と呼ばれます。「生態系への影響」の定義はいくつかありますが、代表的なものとして「その個体数が減少したときにネットワーク構造にどれだけ影響を与えるか」という観点で評価されます。これは、人間関係のネットワークにおいてキープレイヤーを特定しようとする考え方 [3] にも通じます。

こうした生態系ネットワークを分析した事例の一つに、底引き網漁が生態系に与える影響の測定があります [32]。人間の活動が生態系に介入する際、生態系への影響を測定することは種の存続のために重要です。

Funes ら [32] は、パタゴニアの海域を対象に食物網ネットワークを構築し、生態系の安定性や多様性に関する分析を行いました。具体的には、先行研究を体系的に調査し、調査対象となる海域に生息する種（ノード）とそれらの食餌関係（エッジ）を特定しています。エッジの重みである摂食の程度は、獲物の湿重量*26 や個体数、人間の捕獲記録などから推定し、情報不足の際には地元の専門家の知見を取り入れて補完しています。

このように、生物間ネットワークを構築する際は、自動的に種の存在や相互関係を収集するのが難しい場合も多々あります。そのため、従来から蓄積されたフィールドワークや専門家の知見を最大限に活用することが重要です。また、より効率的に情報を得たい場合には、第 2 章で紹介したサンプリング手法を活用することも一案です。たとえば、スターサンプリングを行う場合、ある個体を追跡し、その捕食または被捕食のシーンを観察してネットワークを拡張していく方法が考えられます。

*26 一般的に水分を含んだ状態で測定される生物体の重さ。

さらに、Funes らは漁業が生態系に与える影響を分析するため、漁業を行う場合と行わない場合の 2 種類の食物網ネットワークを構築しました。漁業を行わないケースでは構築した食物網ネットワークをそのまま使用し、漁業を行うケースでは人間による消費（捕獲）や廃棄物を利用する生物（被消費）を表すノードを追加して評価しています。このように、ネットワークに外部要因（漁業）を加えて前後の状態を比較することで、その介入が食物網の構造や生態系の安定性にもたらす影響を定量的に把握できます。

分析にあたっては、雑食性指標（Omnivory）やモジュラリティなどの指標を用いて食物網ネットワークの安定性や多様性が評価されています。雑食性指標は食物網における雑食の度合いを示す指標で、値が高いほど食物網が不安定になりやすい傾向があります。一方、モジュラリティはネットワークを小さなモジュールに分割できる度合いを表し、値が高いほど外部からの撹乱に対して頑健性が高いと考えられます。これらの指標を漁業の介入前後で比較した結果、パタゴニアの海域における漁業は生態系の安定性を低下させる要因となっていることが示唆されました。

7.6.2　創薬におけるネットワーク分析

新薬を開発する創薬プロセスには、さまざまな技術が活用されており、近年の COVID-19 のパンデミックを契機に創薬分野への注目は一層高まっています。多様なアプローチで新薬の開発や検証が進む一方、新たな薬剤を探索する難易度は年々上昇しています。こうした中、創薬の最初のステップである薬剤の探索では、膨大な数の薬剤から効果のある候補に絞り込むために、大規模なデータ解析技術の導入が進み、その重要性が増しています。

従来、創薬は「特定の分子（化合物）が特定の標的タンパク質に結合し、疾患を治療する」というシンプルな構図を想定してきました。しかし、近年は複数の化合物が複数の標的に作用する「多重標的創薬」が注目されるようになり、薬剤同士の相互作用や、薬剤と複数標的の関係を総合的に把握することが重要となっています。ここで、薬剤や標的間の複雑なつながりを可視化・解析できるネットワーク分析が有力なアプローチとして注目されています。

この領域では、薬剤やその標的となる生体分子、疾患などさまざまな要素が相互に複雑につながっており、ネットワークとしてモデリングすることで新たな知見が得られる可能性があります。代表的な応用分野には、薬剤候補の同定や既存薬の再開発などが挙げられます。

ノードとして考慮されやすいもの

- 薬剤：
  創薬の大きな目標の一つは、疾患に対して効果があり、標的に作用する薬剤を特定することです。そのため、薬剤をノードとして表現し、構築したネットワークを分析することは、創薬における重要なステップです。薬剤は本質的には化合物です。そのため、適用時に生じる生理学的性質だけでなく、化学物質としての特性など、さまざまな側面からネットワークを考えることができます。

- 標的：
  標的とは、疾患の原因となるタンパク質などの働きを指します。一般的な薬剤治療のメカニズムは、疾患を引き起こしている標的の働きを薬剤の投与によって抑制し、疾患を治めることです。そのため、治療したい疾患とそれに対する薬剤を結びつける要素として、標的をノードとしてネットワークに組み込むことは、効果的かつ効率的な薬剤探索において重要です。

- 疾患：
  薬剤と同様に、創薬の目標である治療対象の疾患をノードとしてネットワークに組み込むことも重要です。疾患は体内の生理的作用の結果として発現するため、疾患が発生している状態での遺伝子発現パターンを解析することで、ネットワークとして表現・分析が可能になります。

エッジとして考慮されやすいもの

- 既知の関係：
  既存の研究開発の結果から、薬剤、標的、疾患の異種ノード間で作用することや、疾患の原因となることがわかっている場合、それらの関係をエッジとみなしてネットワークに取り込むことで、未知の関係を推定するための重要な根拠になります。既知の作用は、後述する同種ノード間の類似性だけでは捉えられないノード間の相互作用を含めてモデリングできることが期待されます。

- 化学的な類似性：
  薬剤や標的は本質的に分子であり、分子の構造やタンパク質の配列、化学的特性の類似性を評価することが考えられます。もともと、化学物質の構造と生理学的活性との関係を推測する領域として、定量的構造活性相関（Quantitative Structure-Activity Relationship；QSAR）の研究が発展しており、このような類似性をエッジとみなして評価することは、未知の薬剤と標的や疾患のペアを探索するのに役立つといえるでしょう。

- 生理学的な類似性：
  化合物そのものの類似性ではなく、化合物を投与した際の生理学的な発現結果の類似性を用いることで、より直接的に化合物の役割としての類似性を比較することが可能です。生理学的な表現の例には、遺伝子発現プロファイルや各薬剤の副作用（テキスト情報）などが挙げられます。

創薬のためのネットワーク分析には、複数の方向性が検討されています。なかでも、創薬に関係する要素をより包括的に捉えようとするアプローチが注目を集めています。たとえば、Iwata らは遺伝子やタンパク質をノードとする生体分子の相互作用ネットワークを構築し、がんを引き起こす生体反応の経路を推定する枠組みを確立しました [43]。がんの背後にある生体反応は非常に複雑で、単に特定の遺伝子やタンパク質を制御できるかではなく、一連の生体分子の作用（ネットワーク上の経路）をどのように制御するかが重要となります。こうした作用のまとまりを制御する創薬のアプローチはパスウェイ創薬と呼ばれ、より効率的に薬剤候補を発見できる可能性が期待されており、重要な研究開発の対象となっています。

一方で、より網羅的な情報を扱うために、知識グラフを構築する研究も進められています。代表的な例の一つとして、Amazon Web Services による創薬知識グラフの構築が挙げられます [41]。この取り組みでは、薬剤や関連する治療事象をエンティティとした知識グラフ DRKG（Drug Repurposing Knowledge Graph）を構築し、COVID-19 に効果のある薬剤候補を探索できる可能性を示しています。具体的には、病気や遺伝子、副作用など 13 種類のエンティティが定義され、既存の 6 種類の公開データベースに加えて COVID-19 関連の文献情報も統合されています。こうした大規模データを一元的に扱える点は知識グラフの大きな強みであり、さらに DRKG に対してノード埋め込み技術の一つである TransE [13] を適用することで、各ノードを分散表現として獲得しています。この分散表現を用いて薬剤と疾患のリンク予測を行うことで、特定の病気に対して有効な薬剤を推測できるようになります。そのイメージを図 7.15 に示しました。実際に COVID-19 に関しては、当時臨床試験中であった治療薬を候補として予測することに成功しており、知識グラフとリンク予測の組み合わせによる創薬支援の可能性が示唆されています。

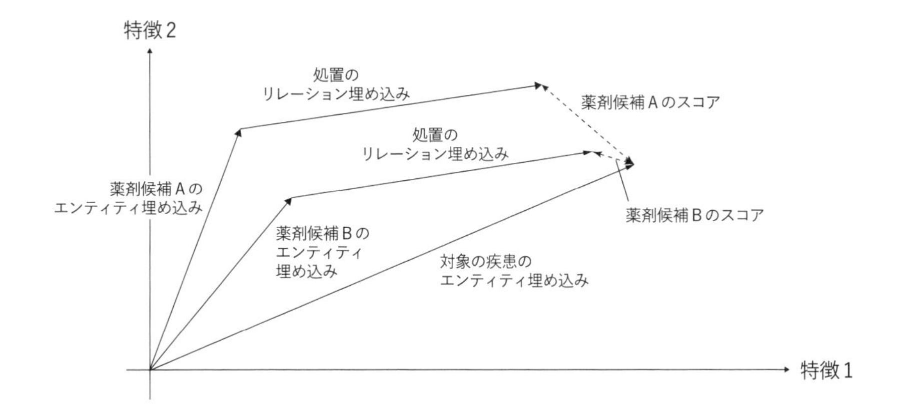

■ 図 7.15: TransE による DRKG 上の薬剤候補の特定のイメージ

このように、ネットワーク分析は多様な生物学的現象の理解や応用を支える手法として、ますます注目を集めています。食物網や生態系の安定性評価から、新薬開発における化合物探索や知識グラフの構築に至るまで、その対象やスケールは大きく異なります。しかし、いずれのケースでも、要素間の複雑な相互作用をネットワークという視点で捉えることによって、新たな知見や解決策が見出される点に変わりはありません。

7.7 本章のまとめ

本章では、自然言語処理や金融、労働市場、情報推薦、社会ネットワーク、生物学など多様な分野でのネットワーク分析の応用例を紹介しました。それぞれの分野には特有の現象や課題があり、それに合わせた自然なネットワークの構築と分析手法が有効であることを具体的に示しています。いずれの事例でも、従来のデータ解析では捉えにくかった「関係性」や「構造」をネットワークとして取り入れることで、新たなインサイトが得られていました。

ネットワーク分析を効果的に行うには、まず分析の目的を明確化し、それに合ったネットワークの構築方法を選ぶことが重要です。ノードやエッジの定義、ネットワークの種類次第で、得られる結果や解釈は大きく変わります。また、データの前処理や品質の確保にも十分注意する必要があります。さらに、分析手法の選択も欠かせません。紹介した技術の入力と出力を把握し、適切に使い分けられるよう意識してください。本書を反復し参照しながら、ご自身が向き合う現象にどう応用できるかを考えていただければと思います。

今後は、ネットワーク分析が、人・組織・製品・情報など多様な要素を結びつける手法として、ビジネスや研究の現場でますます重要視されると期待されます。複雑な構造を「関係性」の視点で捉え直すことで、従来のデータ解析では見落としていたパターンを発見し、問題解決や意思決定をさらに高い水準へ引き上げることができるでしょう。本書の内容が、読者のみなさまがそれぞれの分野でネットワーク分析を活用する際の一助となれば幸いです。

参考文献

[1] Himan Abdollahpouri, Zahra Nazari, Alex Gain, Clay Gibson, Maria Dimakopoulou, Jesse Anderton, Benjamin Carterette, Mounia Lalmas, and Tony Jebara. Calibrated recommendations as a minimum-cost flow problem. In *Proceedings of the Sixteenth ACM International Conference on Web Search and Data Mining*, pages 571–579, 2023.

[2] Anwer S. Ahmed and Scott Duellman. Accounting conservatism and board of director characteristics: An empirical analysis. *Journal of Accounting and Economics*, 43(2-3):411–437, 2007.

[3] Coralio Ballester, Antoni Calvó-Armengol, and Yves Zenou. Who's who in networks. Wanted: The key player. *Econometrica*, 74(5):1403–1417, 2006.

[4] Krisztian Balog, Filip Radlinski, and Shushan Arakelyan. Transparent, scrutable and explainable user models for personalized recommendation. In *Proceedings of the 42nd International ACM SIGIR Conference on Research and Development in Information Retrieval*, pages 265–274, 2019.

[5] Albert-László Barabási and Réka Albert. Emergence of scaling in random networks. *Science*, 286(5439):509–512, 1999.

[6] Mark S. Beasley. An empirical analysis of the relation between the board of director composition and financial statement fraud. *Accounting Review*, 71(4):443–465, 1996.

[7] Mikhail Belkin and Partha Niyogi. Laplacian eigenmaps and spectral techniques for embedding and clustering. *Advances in Neural Information Processing Systems*, 14, 2001.

[8] Monica Billio, Mila Getmansky, Andrew W. Lo, and Loriana Pelizzon. Econometric measures of connectedness and systemic risk in the finance and insurance sectors. *Journal of Financial Economics*, 104(3):535–559, 2012.

[9] John Bizjak, Michael Lemmon, and Ryan Whitby. Option backdating and board interlocks. *The Review of Financial Studies*, 22(11):4821–4847, 2009.

[10] Vincent D. Blondel, Jean-Loup Guillaume, Renaud Lambiotte, and Etienne Lefebvre. Fast unfolding of communities in large networks. *Journal of Statistical Mechanics: Theory and Experiment*, 2008(10):P10008, 2008.

[11] Phillip Bonacich. Factoring and weighting approaches to status scores and clique identification. *Journal of Mathematical Sociology*, 2(1):113–120, 1972.

[12] Phillip Bonacich. Power and centrality: A family of measures. *American Journal of Sociology*, 92(5):1170–1182, 1987.

[13] Antoine Bordes, Nicolas Usunier, Alberto Garcia-Duran, Jason Weston, and Oksana Yakhnenko. Translating embeddings for modeling multi-relational data. *Advances in Neural Information Processing Systems*,

26, 2013.

[14] Erik Braun, Tamás Sebestyén, and Tibor Kiss. The strength of domestic production networks: An economic application of the finn cycling index. *Applied Network Science*, 6:1–26, 2021.

[15] Sergey Brin and Lawrence Page. The anatomy of a large-scale hypertextual web search engine. *Computer Networks and ISDN Systems*, 30(1-7):107–117, 1998.

[16] Shaked Brody, Uri Alon, and Eran Yahav. How attentive are graph attention networks? In *Proceedings of the 10th International Conference on Learning Representations*, 2022.

[17] Tom Brown, Benjamin Mann, Nick Ryder, Melanie Subbiah, Jared D. Kaplan, Prafulla Dhariwal, Arvind Neelakantan, Pranav Shyam, Girish Sastry, Amanda Askell, et al. Language models are few-shot learners. *Advances in Neural Information Processing Systems*, 33:1877–1901, 2020.

[18] Peng-Chia Chiu, Siew Hong Teoh, and Feng Tian. Board interlocks and earnings management contagion. *The Accounting Review*, 88(3):915–944, 2013.

[19] Michaël Defferrard, Xavier Bresson, and Pierre Vandergheynst. Convolutional neural networks on graphs with fast localized spectral filtering. In *Proceedings of the 30th International Conference on Neural Information Processing Systems*, pages 3844–3852, 2016.

[20] Jacob Devlin, Ming-Wei Chang, Kenton Lee, and Kristina Toutanova. BERT: Pre-training of deep bidirectional transformers for language understanding. In *Proceedings of the 2019 Conference of the North American Chapter of the Association for Computational Linguistics: Human Language Technologies, Volume 1 (Long and Short Papers)*, pages 4171–4186, 2019.

[21] Giovanni Di Gennaro, Amedeo Buonanno, and Francesco A. Palmieri. Considerations about learning Word2Vec. *The Journal of Supercomputing*, 77:1–16, 2021.

[22] Edsger W. Dijkstra. A note on two problems in connexion with graphs. *Numerische Mathematik*, 1(1):269–271, 1959.

[23] Shiv R. Dubey, Satish Kumar Singh, and Bidyut B. Chaudhuri. Activation functions in deep learning: A comprehensive survey and benchmark. *Neurocomputing*, 503:92–108, 2022.

[24] Darren Edge, Ha Trinh, Newman Cheng, Joshua Bradley, Alex Chao, Apurva Mody, Steven Truitt, and Jonathan Larson. From local to global: A graph rag approach to query-focused summarization. *arXiv preprint arXiv:2404.16130*, 2024.

[25] Linus Ericsson, Henry Gouk, Chen C. Loy, and Timothy M. Hospedales. Self-supervised representation learning: Introduction, advances, and challenges. *IEEE Signal Processing Magazine*, 39(3):42–62, 2022.

[26] Eliezer M. Fich and Anil Shivdasani. Are busy boards effective monitors? *The Journal of finance*, 61(2):689–724, 2006.

[27] Laura Field, Michelle Lowry, and Anahit Mkrtchyan. Are busy boards detrimental? *Journal of Financial Economics*, 109(1):63–82, 2013.
[28] John T. Finn. Measures of ecosystem structure and function derived from analysis of flows. *Journal of Theoretical Biology*, 56(2):363–380, 1976.
[29] Santo Fortunato, Marián Boguñá, Alessandro Flammini, and Filippo Menczer. Approximating PageRank from in-degree. In *Algorithms and Models for the Web-Graph*, pages 59–71, 2008.
[30] Jerome Friedman, Trevor Hastie, and Robert Tibshirani. Sparse inverse covariance estimation with the graphical lasso. *Biostatistics*, 9(3):432–441, 2008.
[31] Thomas M. J. Fruchterman and Edward M. Reingold. Graph drawing by force-directed placement. *Software: Practice and experience*, 21(11):1129–1164, 1991.
[32] Manuela Funes, Leonardo A. Saravia, Georgina Cordone, Oscar O. Iribarne, and David E. Galván. Network analysis suggests changes in food web stability produced by bottom trawl fishery in Patagonia. *Scientific Reports*, 12(1):10876, 2022.
[33] Hongyang Gao and Shuiwang Ji. Graph U-Nets. In *Proceedings of the 36th International Conference on Machine Learning*, pages 2083–2092, 2019.
[34] Aditya Grover and Jure Leskovec. node2vec: Scalable feature learning for networks. In *Proceedings of the 22nd ACM SIGKDD International Conference on Knowledge Discovery and Data Mining*, pages 855–864, 2016.
[35] Roger Guimera, Leon Danon, Albert Diaz-Guilera, Francesc Giralt, and Alex Arenas. Self-similar community structure in a network of human interactions. *Physical Review E*, 68(6):065103, 2003.
[36] Zirui Guo, Lianghao Xia, Yanhua Yu, Tu Ao, and Chao Huang. Lightrag: Simple and fast retrieval-augmented generation. *arXiv preprint arXiv:2410.05779*, 2024.
[37] Will Hamilton, Zhitao Ying, and Jure Leskovec. Inductive representation learning on large graphs. In *Proceedings of the 31st International Conference on Neural Information Processing Systems*, pages 1025–1035, 2017.
[38] Xiangnan He, Kuan Deng, Xiang Wang, Yan Li, Yongdong Zhang, and Meng Wang. LightGCN: Simplifying and powering graph convolution network for recommendation. In *Proceedings of the 43rd International ACM SIGIR Conference on Research and Development in Information Retrieval*, pages 639–648, 2020.
[39] Thomas Hofmann. Probabilistic latent semantic analysis. In *Proceedings of the 15th Conference on Uncertainty in Artificial Intelligence*, pages 289–296, 1999.
[40] Lianzhe Huang, Dehong Ma, Sujian Li, Xiaodong Zhang, and Houfeng Wang. Text level graph neural network for text classification. In *Proceedings of the 2019 Conference on Empirical Methods in Natural Lan-*

guage Processing and the 9th International Joint Conference on Natural Language Processing, pages 3444–3450, 2019.

[41] Vassilis N. Ioannidis, Xiang Song, Saurav Manchanda, Mufei Li, Xiaoqin Pan, Da Zheng, Xia Ning, Xiangxiang Zeng, and George Karypis. DRKG - Drug repurposing knowledge graph for Covid-19. `https://github.com/gnn4dr/DRKG/`, 2020. Accessed on November, 2024.

[42] Masao Iri. *Network Flow, Transportation, and Scheduling; Theory and Algorithms*, volume 57. Academic Press, 1969.

[43] Michio Iwata, Lisa Hirose, Hiroshi Kohara, Jiyuan Liao, Ryusuke Sawada, Sayaka Akiyoshi, Kenzaburo Tani, and Yoshihiro Yamanishi. Pathway-based drug repositioning for cancers: Computational prediction and experimental validation. *Journal of Medicinal Chemistry*, 61(21):9583–9595, 2018.

[44] Ankit Jain, Isaac Liu, Ankur Sarda, and Piero Molino. Food discovery with uber eats: Using graph learning to power recommendations, 2019. Accessed on November, 2024.

[45] Ferenc Jordán. Keystone species and food webs. *Philosophical Transactions of the Royal Society B: Biological Sciences*, 364(1524):1733–1741, 2009.

[46] Leo Katz. A new status index derived from sociometric analysis. *Psychometrika*, 18(1):39–43, 1953.

[47] Anish Khazane, Jonathan Rider, Max Serpe, Antonia Gogoglou, Keegan Hines, C. Bayan Bruss, and Richard Serpe. Deeptrax: Embedding graphs of financial transactions. In *Proceedings of the 18th IEEE International Conference on Machine Learning and Applications*, pages 126–133. IEEE, 2019.

[48] Diederik P. Kingma. Adam: A method for stochastic optimization. *arXiv preprint arXiv:1412.6980*, 2014.

[49] Thomas N. Kipf and Max Welling. Variational graph auto-encoders. *arXiv preprint arXiv:1611.07308*, 2016.

[50] Thomas N. Kipf and Max Welling. Semi-supervised classification with graph convolutional networks. In *Proceedings of the 5th International Conference on Learning Representations*, 2017.

[51] April Klein. Firm performance and board committee structure. *The Journal of Law and Economics*, 41(1):275–304, 1998.

[52] Konstantin Klemm, M. Ángeles Serrano, Víctor M. Eguíluz, and Maxi San Miguel. A measure of individual role in collective dynamics. *Scientific Reports*, 2:292, 2012.

[53] Eric D. Kolaczyk. *Statistical Analysis of Network Data*, volume 65. Springer New York, 2009.

[54] Alex Krizhevsky, Ilya Sutskever, and Geoffrey E. Hinton. ImageNet classification with deep convolutional neural networks. *Communications of the ACM*, 60(6):84–90, 2017.

[55] Yuri Kuratov, Aydar Bulatov, Petr Anokhin, Dmitry Sorokin, Artyom Sorokin, and Mikhail Burtsev. In search of needles in a 10M

haystack: Recurrent memory finds what LLMs miss. *arXiv preprint arXiv:2402.10790*, 2024.
[56] Chen-Yu Lee, Chun-Liang Li, Chu Wang, Renshen Wang, Yasuhisa Fujii, Siyang Qin, Ashok Popat, and Tomas Pfister. ROPE: Reading order equivariant positional encoding for graph-based document information extraction. In *Proceedings of the 59th Annual Meeting of the Association for Computational Linguistics and the 11th International Joint Conference on Natural Language Processing (Volume 2: Short Papers)*, pages 314–321, 2021.
[57] Junhyun Lee, Inyeop Lee, and Jaewoo Kang. Self-attention graph pooling. In *Proceedings of the 36th International Conference on Machine Learning*, pages 3734–3743, 2019.
[58] Patrick Lewis, Ethan Perez, Aleksandra Piktus, Fabio Petroni, Vladimir Karpukhin, Naman Goyal, Heinrich Küttler, Mike Lewis, Wen-tau Yih, Tim Rocktäschel, et al. Retrieval-augmented generation for knowledge-intensive nlp tasks. In *Proceedings of the 34th International Conference on Neural Information Processing System*, pages 9459–9474, 2020.
[59] Wei Li, Ruihan Bao, Keiko Harimoto, Deli Chen, Jingjing Xu, and Qi Su. Modeling the stock relation with graph network for overnight stock movement prediction. In *Proceedings of the Twenty-Ninth International Conference on International Joint Conferences on Artificial Intelligence*, pages 4541–4547, 2021.
[60] John Lintner. The valuation of risk assets and the selection of risky investments in stock portfolios and capital budgets. *The Review of Economics and Statistics*, 47(1):13–37, 1965.
[61] Xiaojing Liu, Feiyu Gao, Qiong Zhang, and Huasha Zhao. Graph convolution for multimodal information extraction from visually rich documents. In *Proceedings of the 2019 Conference of the North American Chapter of the Association for Computational Linguistics: Human Language Technologies, Volume 2 (Industry Papers)*, pages 32–39, 2019.
[62] Yinhan Liu, Myle Ott, Naman Goyal, Jingfei Du, Mandar Joshi, Danqi Chen, Omer Levy, Mike Lewis, Luke Zettlemoyer, and Veselin Stoyanov. RoBERTa: A robustly optimized BERT pretraining approach. *arXiv preprint arXiv:1907.11692*, 2019.
[63] Linyuan Lü, Duanbing Chen, Xiao-Long Ren, Qian-Ming Zhang, Yi-Cheng Zhang, and Tao Zhou. Vital nodes identification in complex networks. *Physics Reports*, 650:1–63, 2016.
[64] Yao Ma and Jiliang Tang. *Deep Learning on Graphs*. Cambridge University Press, 2021.
[65] Andrew L. Maas, Awni Y. Hannun, and Andrew Y. Ng. Rectifier nonlinearities improve neural network acoustic models. In *Proceedings of the 30th International Conference on Machine Learning*, volume 30, page 3, 2013.
[66] Jochen Malinowski, Tobias Keim, Oliver Wendt, and Tim Weitzel. Matching people and jobs: A bilateral recommendation approach. In

Proceedings of the 39th Annual Hawaii International Conference on System Sciences, volume 6, page 137c. IEEE, 2006.

[67] Masoud Mansoury, Himan Abdollahpouri, Mykola Pechenizkiy, Bamshad Mobasher, and Robin Burke. Fairmatch: A graph-based approach for improving aggregate diversity in recommender systems. In *Proceedings of the 28th ACM Conference on User Modeling, Adaptation and Personalization*, pages 154–162, 2020.

[68] Rosario N. Mantegna. Hierarchical structure in financial markets. *The European Physical Journal B-Condensed Matter and Complex Systems*, 11:193–197, 1999.

[69] Kelong Mao, Jieming Zhu, Xi Xiao, Biao Lu, Zhaowei Wang, and Xiuqiang He. UltraGCN: Ultra simplification of graph convolutional networks for recommendation. In *Proceedings of the 30th ACM International Conference on Information & Knowledge Management*, pages 1253–1262, 2021.

[70] Daiki Matsunaga, Toyotaro Suzumura, and Toshihiro Takahashi. Exploring graph neural networks for stock market predictions with rolling window analysis. *arXiv preprint arXiv:1909.10660*, 2019.

[71] Andrew K. McCallum, Kamal Nigam, Jason Rennie, and Kristie Seymore. Automating the construction of internet portals with machine learning. *Information Retrieval*, 3:127–163, 2000.

[72] Leland McInnes, John Healy, and James Melville. UMAP: Uniform Manifold Approximation and Projection. *Journal of Open Source Software*, 3(29):861, 2018.

[73] Tomas Mikolov, Kai Chen, Greg Corrado, and Jeffrey Dean. Efficient estimation of word representations in vector space. In *Proceedings of the 1st International Conference on Learning Representations*, 2013.

[74] Tomas Mikolov, Ilya Sutskever, Kai Chen, Greg S. Corrado, and Jeff Dean. Distributed representations of words and phrases and their compositionality. In *Proceedings of the 27th International Conference on Neural Information Processing Systems*, volume 2, pages 3111–3119, 2013.

[75] Tomáš Mikolov, Wen-tau Yih, and Geoffrey Zweig. Linguistic regularities in continuous space word representations. In *Proceedings of the 2013 Conference of the North American Chapter of the Association for Computational Linguistics: Human Language Technologies*, pages 746–751, 2013.

[76] Federico Monti, Davide Boscaini, Jonathan Masci, Emanuele Rodolà, Jan Svoboda, and Michael M. Bronstein. Geometric deep learning on graphs and manifolds using mixture model CNNs. In *2017 IEEE Conference on Computer Vision and Pattern Recognition*, pages 5425–5434, 2017.

[77] Mark E. J. Newman. Assortative mixing in networks. *Physical Review Letters*, 89(20):208701, 2002.

[78] Thomas C. Omer, Marjorie K. Shelley, and Frances M. Tice. Do well-connected directors affect firm value? *Journal of Applied Finance*

(Formerly Financial Practice and Education), 24(2):17–32, 2014.

[79] Thomas C. Omer, Marjorie K. Shelley, and Frances M. Tice. Do director networks matter for financial reporting quality? Evidence from audit committee connectedness and restatements. *Management Science*, 66(8):3361–3388, 2020.

[80] Gergely Palla, Imre Derényi, Illés Farkas, and Tamás Vicsek. Uncovering the overlapping community structure of complex networks in nature and society. *Nature*, 435(7043):814–818, 2005.

[81] Daniel Pauly, Villy Christensen, Johanne Dalsgaard, Rainer Froese, and Francisco Torres Jr. Fishing down marine food webs. *Science*, 279(5352):860–863, 1998.

[82] Daniel Pauly and Reg Watson. Background and interpretation of the 'marine trophic index' as a measure of biodiversity. *Philosophical Transactions of the Royal Society B: Biological Sciences*, 360(1454):415–423, 2005.

[83] Bryan Perozzi, Rami Al-Rfou, and Steven Skiena. DeepWalk: Online learning of social representations. In *Proceedings of the 20th ACM SIGKDD International Conference on Knowledge Discovery and Data Mining*, pages 701–710, 2014.

[84] Yujie Qian, Enrico Santus, Zhijing Jin, Jiang Guo, and Regina Barzilay. GraphIE: A graph-based framework for information extraction. In *Proceedings of the 2019 Conference of the North American Chapter of the Association for Computational Linguistics: Human Language Technologies, Volume 1 (Long and Short Papers)*, pages 751–761, 2019.

[85] Jiezhong Qiu, Yuxiao Dong, Hao Ma, Jian Li, Chi Wang, Kuansan Wang, and Jie Tang. NetSMF: Large-scale network embedding as sparse matrix factorization. In *Proceedings of the 19th World Wide Web Conference*, pages 1509–1520, 2019.

[86] Jiezhong Qiu, Yuxiao Dong, Hao Ma, Jian Li, Kuansan Wang, and Jie Tang. Network embedding as matrix factorization: Unifying DeepWalk, LINE, PTE, and node2vec. In *Proceedings of the 11th ACM International Conference on Web Search and Data Mining*, pages 459–467, 2018.

[87] Colin Raffel, Noam Shazeer, Adam Roberts, Katherine Lee, Sharan Narang, Michael Matena, Yanqi Zhou, Wei Li, and Peter J. Liu. Exploring the limits of transfer learning with a unified text-to-text transformer. *Journal of Machine Learning Research*, 21(140):1–67, 2020.

[88] Leonardo F.R. Ribeiro, Pedro H.P. Saverese, and Daniel R. Figueiredo. struc2vec: Learning node representations from structural identity. In *Proceedings of the 23rd ACM SIGKDD International Conference on Knowledge Discovery and Data Mining*, pages 385–394, 2017.

[89] Stan Salvador and Philip Chan. Toward accurate dynamic time warping in linear time and space. *Intelligent Data Analysis*, 11(5):561–580, 2007.

[90] Franco Scarselli, Marco Gori, Ah Chung Tsoi, Markus Hagenbuchner, and Gabriele Monfardini. The graph neural network model. *IEEE Transactions on Neural Networks*, 20(1):61–80, 2008.

[91] Franco Scarselli, Sweah Liang Yong, Marco Gori, Markus Hagenbuchner, Ah Chung Tsoi, and Marco Maggini. Graph neural networks for ranking web pages. In *The 2005 IEEE/WIC/ACM International Conference on Web Intelligence*, pages 666–672. IEEE, 2005.

[92] J Ben Schafer, Dan Frankowski, Jon Herlocker, and Shilad Sen. Collaborative filtering recommender systems. In *The Adaptive Web: Methods and Strategies of Web Personalization*, pages 291–324. Springer, 2007.

[93] Michael Schlichtkrull, Thomas N. Kipf, Peter Bloem, Rianne Van Den Berg, Ivan Titov, and Max Welling. Modeling relational data with graph convolutional networks. In *The Semantic Web. ESWC 2018. Lecture Notes in Computer Science*, pages 593–607. Springer, 2018.

[94] Sinan Seymen, Himan Abdollahpouri, and Edward C. Malthouse. A constrained optimization approach for calibrated recommendations. In *Proceedings of the 15th ACM Conference on Recommender Systems*, pages 607–612, 2021.

[95] William F. Sharpe. Capital asset prices: A theory of market equilibrium under conditions of risk. *The Journal of Finance*, 19(3):425–442, 1964.

[96] Ryotaro Shimizu, Megumi Matsutani, and Masayuki Goto. An explainable recommendation framework based on an improved knowledge graph attention network with massive volumes of side information. *Knowledge-Based Systems*, 239:107970, 2022.

[97] Kazuma Takaoka, Sorami Hisamoto, Noriko Kawahara, Miho Sakamoto, Yoshitaka Uchida, and Yuji Matsumoto. Sudachi: A Japanese tokenizer for business. In Nicoletta Calzolari (Conference chair), Khalid Choukri, Christopher Cieri, Thierry Declerck, Sara Goggi, Koiti Hasida, Hitoshi Isahara, Bente Maegaard, Joseph Mariani, HÃ©lÃ¨ne Mazo, Asuncion Moreno, Jan Odijk, Stelios Piperidis, and Takenobu Tokunaga, editors, *Proceedings of the Eleventh International Conference on Language Resources and Evaluation (LREC 2018)*, Paris, France, 2018. European Language Resources Association (ELRA).

[98] Jian Tang, Meng Qu, Mingzhe Wang, Ming Zhang, Jun Yan, and Qiaozhu Mei. LINE: Large-scale information network embedding. In *Proceedings of the 24th International Conference on World Wide Web*, pages 1067–1077, 2015.

[99] Joshua B. Tenenbaum, Vin de Silva, and John C. Langford. A global geometric framework for nonlinear dimensionality reduction. *Science*, 290(5500):2319–2323, 2000.

[100] Mingfei Teng, Hengshu Zhu, Chuanren Liu, and Hui Xiong. Exploiting network fusion for organizational turnover prediction. *ACM Transactions on Management Information Systems*, 12(2):1–18, 2021.

[101] Mingfei Teng, Hengshu Zhu, Chuanren Liu, Chen Zhu, and Hui Xiong. Exploiting the contagious effect for employee turnover prediction. In *Proceedings of the Thirty-Third AAAI Conference on Artificial Intelligence and Thirty-First Innovative Applications of Artificial Intelligence Conference and Ninth AAAI Symposium on Educational Advances in Artificial Intelligence*, pages 1166–1173, 2019.

[102] Petter Törnberg. Echo chambers and viral misinformation: Modeling fake news as complex contagion. *PLoS one*, 13(9):e0203958, 2018.

[103] Audrey Valls, Marta Coll, and Villy Christensen. Keystone species: Toward an operational concept for marine biodiversity conservation. *Ecological Monographs*, 85(1):29–47, 2015.

[104] Laurens Van der Maaten and Geoffrey Hinton. Visualizing data using t-SNE. *Journal of Machine Learning Research*, 9(11):2579–2605, 2008.

[105] Ashish Vaswani, Noam Shazeer, Niki Parmar, Jakob Uszkoreit, Llion Jones, Aidan N. Gomez, Łukasz Kaiser, and Illia Polosukhin. Proceedings of the 31st international conference on neural information processing systems. In *Proceedings of the 31st International Conference on Neural Information Processing Systems*, pages 6000–6010, 2017.

[106] Petar VeliÄ koviÄ , Guillem Cucurull, Arantxa Casanova, Adriana Romero, Pietro LiÃ², and Yoshua Bengio. Graph attention networks. In *Proceedings of the 6th International Conference on Learning Representations*, 2018.

[107] Soroush Vosoughi, Deb Roy, and Sinan Aral. The spread of true and false news online. *Science*, 359(6380):1146–1151, 2018.

[108] Jianian Wang, Sheng Zhang, Yanghua Xiao, and Rui Song. A review on graph neural network methods in financial applications. *Journal of Data Science*, 20(2):111–134, 2022.

[109] Xiang Wang, Xiangnan He, Yixin Cao, Meng Liu, and Tat-Seng Chua. Kgat: Knowledge graph attention network for recommendation. In *Proceedings of the 25th ACM SIGKDD International Conference on Knowledge Discovery & Data Mining*, pages 950–958, 2019.

[110] Xiang Wang, Xiangnan He, Meng Wang, Fuli Feng, and Tat-Seng Chua. Neural graph collaborative filtering. In *Proceedings of the 42nd International ACM SIGIR Conference on Research and Development in Information Retrieval*, pages 165–174, 2019.

[111] Duncan J. Watts and Steven H. Strogatz. Collective dynamics of ‘small-world’ networks. *Nature*, 393(6684):440–442, 1998.

[112] Zhilin Yang, William Cohen, and Ruslan Salakhudinov. Revisiting semi-supervised learning with graph embeddings. In *Proceedings of the 33rd International Conference on International Conference on Machine Learning*, pages 40–48, 2016.

[113] Yuyang Ye, Hengshu Zhu, Tong Xu, Fuzhen Zhuang, Runlong Yu, and Hui Xiong. Identifying high potential talent: A neural network based dynamic social profiling approach. In *2019 IEEE International Conference on Data Mining*, pages 718–727, 2019.

[114] Zhitao Ying, Jiaxuan You, Christopher Morris, Xiang Ren, Will Hamilton, and Jure Leskovec. Hierarchical graph representation learning with differentiable pooling. In *Proceedings of the 32nd International Conference on Neural Information Processing Systems*, pages 4805–4815, 2018.

[115] Denghui Zhang, Junming Liu, Hengshu Zhu, Yanchi Liu, Lichen Wang, Pengyang Wang, and Hui Xiong. Job2vec: Job title benchmarking with collective multi-view representation learning. In *Proceedings of the 28th ACM International Conference on Information and Knowledge Management*, pages 2763–2771, 2019.

[116] アルバート・L. バラバシ（著）, 池田裕一, 井上寛康, 谷澤俊弘（監訳）, 京都大学ネットワーク社会研究会（訳）, ネットワーク科学：ひと・もの・ことの関係性をデータから解き明かす新しいアプローチ. 共立出版, 2019.

[117] ジーザス・バラサ, ジム・ウェーバー（著）, 櫻井亮佑, 安井雄一郎（訳）. はじめての知識グラフ構築ガイド, マイナビ出版, 2024.

[118] ヤオ・マー, ジリアン・タン（著）, 宮原太陽, 中尾光孝（訳）. グラフ深層学習. プレアデス出版, 2024.

[119] 岡谷貴之. 深層学習 改訂第 2 版. 講談社, 2022.

[120] 沖本竜義. 経済・ファイナンスデータの計量時系列分析. 朝倉書店, 2010.

[121] 黒橋禎夫. 自然言語処理 三訂版. 放送大学教育振興会, 2023.

[122] 佐藤竜馬. グラフニューラルネットワーク. 講談社, 2024.

[123] 佐藤竜馬. 最適輸送の理論とアルゴリズム. 講談社, 2023.

[124] 森田啓介, 黒木裕鷹. 日本企業の取締役兼任ネットワークにおけるリスク指標の同類性の検証. 人工知能学会第二種研究会資料, FIN-031, 156–162, 2023.

[125] 清水良太郎. 意思決定の理由の可視化が可能なグラフ構造の学習アルゴリズムの紹介. ZOZO TECH BLOG, 2021. (URL: `https://techblog.zozo.com/entry/explainable-recommendation-kgat/`, 2024 年 11 月参照).

[126] 増田直紀, 今野紀雄. 複雑ネットワーク：基礎から応用まで. 近代科学社, 2010.

[127] 門脇大輔, 阪田隆司, 保坂桂佑, 平松雄司. Kaggle で勝つデータ分析の技術. 技術評論社, 2019.

[128] 鈴木譲, 植野真臣, 黒木学, 清水昌平, 湊真一, 石畠正和, 樺島祥介, 田中和之, 本村陽一, 玉田嘉紀. 確率的グラフィカルモデル. 共立出版, 2016.

[129] 鈴木正敏, 松田耕史, 関根聡, 岡崎直観, 乾健太郎. Wikipedia 記事に対する拡張固有表現ラベルの多重付与. 言語処理学会第 22 回年次大会発表論文集, 797–800, 2016.

索引

へ

ほ

ま

み

む

も

ゆ

ら

り

る

著者プロフィール

黒木 裕鷹（くろき ゆたか）

1994年生まれ。2020年東京理科大学大学院工学研究科修士課程修了。同年よりSansan株式会社に入社し、現在は企業データのドメイン横断での分析・利用や、実験的な機能の開発に従事。2018年度統計関連学会連合大会 優秀報告賞、2022年度人工知能学会金融情報学研究会 (SIG-FIN) 優秀論文賞 などを受賞。大阪公立大学 客員研究員。

保坂 大樹（ほさか たいじゅ）

2020年に早稲田大学で工学修士号を取得し、Sansan株式会社に入社。入社後は帳票の解析技術の研究開発および運用に取り組む。現在は同社のSaaS事業においてプロダクトマネジメントを行う一方で、帳票解析チームのリーダーとしてプロジェクトマネジメントも担当する。単語の意味や主体の持つ特性が単語埋め込みやノード埋め込みで得られる数値表現にどのように反映されるかに強い関心を持つ。

カバーデザイン ◆末吉亮（図工ファイブ）
本文フォーマット◆BUCH+
組版協力 ◆株式会社ウルス
図版制作 ◆酒徳葉子
担　　当 ◆高屋卓也

データのつながりを活かす技術
ネットワーク／グラフデータの機械学習から得られる新視点

2025年 3月 7日 初 版 第1刷発行

著　者 黒木裕鷹, 保坂大樹
発行者 片岡　巌
発行所 株式会社技術評論社
東京都新宿区市谷左内町 21–13
電話 03–3513–6150 販売促進部
03–3513–6177 第5編集部
印刷／製本 港北メディアサービス株式会社

ISBN978-4-297-14784-6 C3055
Printed in Japan

■本書についての電話によるお問い合わせはご遠慮ください。質問等がございましたら，下記まで FAX または封書でお送りくださいますようお願いいたします。

〒162–0846
東京都新宿区市谷左内町 21–13
株式会社技術評論社第 5 編集部
FAX：03–3513–6173
「データのつながりを活かす技術」係

なお，本書の範囲を超える事柄についてのお問い合わせには一切応じられませんので，あらかじめご了承ください。